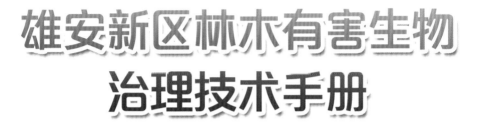

雄安新区林木有害生物
治理技术手册

主　编 ● 黄大庄　李会平　董增巨

U0391434

东北林业大学出版社
Northeast Forestry University Press

·哈尔滨·

图书在版编目（CIP）数据

雄安新区林木有害生物治理技术手册 / 黄大庄，李会平，董增巨主编. — 哈尔滨：东北林业大学出版社，2020.1

　　ISBN 978-7-5674-2061-8

　　Ⅰ.①雄… Ⅱ.①黄… ②李… ③董… Ⅲ.①林木—病虫害防治—雄安新区—技术手册 Ⅳ.①S763-62

　　中国版本图书馆CIP数据核字(2020)第026050号

责任编辑：姚大彬　冯　琪

责任校对：潘　琦

封面设计：乔鑫鑫

出版发行：东北林业大学出版社

　　　　　　（哈尔滨市香坊区哈平六道街6号　邮编：150040）

印　　装：哈尔滨市石桥印务有限公司

规　　格：145 mm×210 mm　32开

印　　张：5.75

字　　数：150千字

版　　次：2020年1月第1版

印　　次：2020年1月第1次印刷

定　　价：85.00元

《雄安新区林木有害生物治理技术手册》
编委会

主　编　黄大庄　李会平　董增巨

副主编　苏筱雨　彭旭更　李红宇

参　编　（按姓氏笔画排序）

王雪菲　王勤英　石其旺

朱会营　刘志军　孙晓光

杨尉栋　张　芹　张　朋

张　亮　陈津陵　雷淑香

樊晓亮

前　言

　　雄安新区是继深圳经济特区和上海浦东新区之后又一具有全国意义的新区。雄安新区的成立是深入推进京津冀协同发展的一项重大决策部署，是千年大计、国家大事。林业是我国绿化工程的重要组成部分，是生态文明的重要内容，也是实现人与自然和谐共生、建设美丽中国的重要支撑。

　　"千年秀林"是雄安新区植树造林的统称，是建设雄安新区绿色生态共享空间的形象表述。"千年秀林"以近自然理念为指导，打造包括景观林、纪念林、游憩林、生态林等异龄复层混交的森林体系是雄安新区建设森林城市，实现蓝绿交织、清新明亮生态环境的重要举措，将成为雄安新区城市组团之间的重要生态缓冲区和生态福利共享区。为了满足景观需求，同时保证生态美好的需要，发挥"千年秀林"特殊的生态功能，本书特就此进行林木有害生物研究并提出治理技术措施，以避免其成灾，从而保证"千年秀林"健康成长。

　　编写本书的目的是为给"千年秀林"建设者提供

一本通俗易懂、科学实用的林木有害生物防治技术读物。为此,我们结合教学、科研及生产中的实践经验,针对"千年秀林"选择的树种及当地原有林木有害生物发生情况,按照国家森林保护方针,以及安全、有效、简易的原则,较为系统地介绍了现有的比较成熟的林木有害生物防治技术,以期对雄安新区"千年秀林"建设及周边地区林业工程项目提供指导。

由于编者水平有限,书中的缺点、不足之处及需要完善的地方恳请广大读者批评指正,提出修改意见。

编　者

2019 年 12 月

目　　录

1 雄安新区概况

1.1 自然条件

1.1.1 地理环境

雄安新区位于太行山东麓、冀中平原中部、南拒马河下游南岸，属太行山麓平原向冲积平原的过渡地带。

全境西北较高，东南略低，海拔 7~19 m，自然纵坡千分之一左右，为缓倾平原，土层深厚，地形开阔，境内有多处古河道。

地势较高的土壤为褐土，地势较洼的土壤为潮土。

1.1.2 气候特征

雄安新区气候特征属于暖温带季风型大陆性气候，四季分明。年均气温 11.7 ℃，温度最高月（7 月）平均气温 26 ℃，温度最低月（1 月）平均气温 -4.9 ℃；年日照 2 685 h；年平均降雨量 551.5 mm，6~9 月占 80%；无霜期 185 d 左右。

1.2 原有主要绿化树种

雄安新区属于河北省平原防护、用材林区，林型主要有农田防护林、通道绿化林、速生丰产林、城镇绿化林带等。

雄安新区原有的主要绿化树种有：速生杨（107、108）、毛白杨、加杨、银新杨、垂柳、馒头柳、旱柳、悬铃木、刺槐、国槐、白榆、臭椿、白蜡、银杏、桧柏、梨、桃、苹果、杏、

桑、枣、月季、珍珠梅、连翘、大叶黄杨、金叶女贞、紫叶小
檗、紫穗槐、葡萄、爬山虎、五叶地锦等。

1.3　雄安新区"千年秀林"造林主要树种

1.3.1　乔木

（1）　针叶树

雪松、油松、白皮松、华山松、北美乔松、黑松、青杆、
白杆、桧柏、侧柏、龙柏、铺地柏等。

（2）　阔叶树

银杏、白蜡、小叶白蜡、美国白蜡、白榆、大果榆、春榆、
裂叶榆、青檀、大叶朴、小叶朴、旱柳、垂柳、绦柳、馒头柳、
毛白杨、加杨、银新杨、意大利杨、银白杨、杜仲、栾树、二
球悬铃木、鹅掌楸、杂交鹅掌楸、刺槐、国槐、红花洋槐、臭
椿、千头椿、香椿、枫杨、胡桃楸、合欢、泡桐、梧桐、白玉
兰、紫玉兰、二乔玉兰、望春玉兰、五角枫、元宝枫、三角枫、
茶条槭、血皮槭、三花槭、青楷槭、七叶树、暴马丁香、红丁
香、蒙椴、紫椴、糠椴、樱花、日本晚樱、山桃、碧桃、桃、
山杏、杏、梨、苹果、海棠、山丁子、山楂、黄连木、丝棉木、
皂角、杜梨、君迁子、楸树、梓树、黄金树、稠李、苦楝、流苏、
桑、构树、毛梾、枣、山楂、紫叶李、花椒、水杉、鸡爪槭等。

1.3.2　灌木

连翘、迎春、裂叶丁香、紫丁香、红丁香、北京丁香、
大花溲疏、小花溲疏、太平花、香茶藨子、卫矛、蔷薇、三裂
绣线菊、华北珍珠梅、水栒子、平枝栒子、棣棠、鸡麻、黄刺
玫、白鹃梅、玫瑰、郁李、麦李、榆叶梅、毛樱桃、月季、紫
荆、胡枝子、锦鸡儿、金雀儿、猬实、金银木、接骨木、天目
琼花、红瑞木、黄栌、牡丹、文冠果、紫薇、蜡梅、紫珠、小
紫珠、柽柳、荆条、糯米条、花木蓝等。

1.3.3　藤本植物

葎叶蛇葡萄、葡萄、白蔹、爬山虎、五叶地锦、南蛇藤、紫藤、葛藤、美国凌霄、金银花、杠柳等。

2 林业有害生物防治技术概述

林业有害生物是指对森林（林木）有害的任何植物、动物或病原体的种、株（品系）或生物型，包括害虫、有害微生物、害鼠和有害植物。林业有害生物对森林、树木及林产品的危害，可导致树势衰弱、森林健康水平和林地生产力下降，严重者可造成林木死亡，严重影响森林的经济、生态和社会效益。植物在生长发育过程中，可能会遭到各种各样自然灾害和有害生物的侵袭，使植株的枝梢干枯、器官变形、叶片缺损、生长发育受阻。植物病害是由病原菌侵染植物引起的，其主要病原有真菌、细菌、病毒、线虫、螨类；虫害是由各种昆虫吸食植物叶片、花果、枝干、根系等器官而造成的树木受害现象。

2.1 有害生物防治的原理

我国林业有害生物防治工作始于20世纪初，到中华人民共和国成立前仍处于初创阶段。20世纪70年代中期以前，防治技术基本以化学防治为主，灾害防治的主要目的是将害虫彻底消灭。从20世纪70年代开始，我国主要通过利用多种技术的协调配合来控制有害生物的危害，而非单纯依靠化学农药。1975年国家提出"预防为主、综合防治"的方针。20世纪90年代以来，我国又先后提出了林业有害生物可持续控制策略和生态控制策略，强调发挥森林生态系统对生物灾害的自然调控功能，协调运用环境和其他有益物种的生存和发展相和谐的措施，将有害生物控制在生态、社会和经济效益可接受的低密度，并达到可持续控制的效果。2004 年 12 月，第四次全国林业有害生物防治工作会议上，将"预防为主，综合治理"的防治方针调整为"预防为主，科学防控，依法治理，促进健康"，使林业有害生物防治工作重心由重除治向重预防转变，更加注重营林措施和培育健康森林等新时期林业有害生物防治工作新思路。2011 年 8 月，第五次全国林业有害生物防治工作会议提出了防治工作指导思想、基本原则和方针，即"预防为主，科学治理，依法监管，强化责任"，在防治措施上更加强调突出生态调控，加强营林措施，确保科学施药，加强生物防治和无公害防治，提升森林健康水平。

对林业有害生物进行预防和防治，必须贯彻"预防为主、科学治理、依法监管、强化责任"的基本原则。

"预防为主"的主要含义是：加强检疫，严防疫情传播，切断传播途径；加强监测预报，做到疫情早发现、早除治；加强营林措施，提升森林健康水平。

"科学治理"的主要含义是：遵循有害生物发生的自然规律和防治工作的客观规律，强化防治理念的转变，突出生态调控；提高药剂使用的科学性，确保用药安全，特别是要提高天敌、信息素和病毒等生物制剂的使用比例；提高药械使用的科学性，确保科学施药。

"依法监管"的主要含义是：森防检疫机构要依法行政，做到不缺位、不越位、不错位；依法监督公民和法人遵守林业有害生物防治相关法律、法规；对违法者进行依法处理。

"强化责任"的主要含义是：落实重大林业有害生物防治属地管理、政府主导的职责，落实各级林业主管部门的管理职责和有关部门的协调配合职责，落实林权所有者依法履行防治的义务。

2.2 森林动、植物检疫

2.2.1 植物检疫的概念

植物检疫也称法规防治，就是根据国家法令，设立专门机构，采用各种检疫及其他措施，严禁危险性病虫的输入、传出和传播，严格封锁和就地消灭新发现的害虫和病害。

2.2.2 抽样标准

根据《森林植物检疫技术规程》的规定，不同种类和批量的森林植物及其产品的抽样标准如下。

种子：按一批货物总数或总件数抽样，抽样数量占0.5%～5.0%。

鲜活繁殖材料：苗木（含试管苗）、块根、块茎、鳞茎、球茎、砧木、插条、接穗、花卉等繁殖材料，按一批货物总件数抽取，抽样量为1%～5%。

散装物：散装种子、果实、苗木（含试管苗）、块根、块茎、鳞茎、球茎、生药材等，按货物总量的0.5%～5.0%抽查。种子、果实少于1 kg，苗木（含试管苗）、块根、块茎、鳞茎、球茎、砧木、插条、接穗少于20株，全部检查。

试验样品的抽取数量：种实类试验样品参照表2-1，苗木5～10株（根）；不足上述数量的全部检查。在抽取样本时，除参照规定标准外，还可根据不同应检森林植物及其产品的不同包装、不同件数进行抽样（见表2-1、表2-2）。

表 2-1　种实试验样品抽样标准数量参考表

树种名称	试验样品 /g	树种名称	试验样品 /g
核桃、胡桃楸	2 500	油松	250
板栗、麻栗、栓皮栎	2 000	侧柏	200
银杏	1 500	柠条、白蜡、刺槐	200

树种名称	试验样品 /g	树种名称	试验样品 /g
皂角	1 300	黑松	85
华山松	1 200	紫穗槐、臭椿、沙棘	85
白皮松、元宝槭	850	云杉、白榆	60
国槐	600	云杉	35
合欢、杜仲	400	枸杞	15
黄连木	350	黄杨、泡桐	6

表 2-2 现场抽样件数标准

种类	按货物总件数	抽样比例 /%	抽样最低数
种子类	大于或等于 4 000 kg	2 ~ 5	10 件
	少于 4 000 kg	5 ~ 10	10 件
苗木类	大于 10 000 株	3 ~ 5	100 株
	100 ~ 10 000 株	6 ~ 10	
种实类、块根茎		0.2 ~ 5.0	5 件或 100 kg

注：① 散装种子 100 kg 为 1 件，苗木 100 株为 1 件。② 不足抽样最低数的全部检验。

2.2.3 抽样方法

检疫抽样时要考虑应检有害生物的生物学特性、分布规律、货物的种类、包装、数量、存放场所及装载方式等因素，也要考虑取样均匀及代表性。常用的取样方法有对角线取样法、棋盘式取样法及随机布点法等。

对角线取样法：进行产地检验、检查苗木或果树时，可先根据对角线法选取标准地，针叶树种苗繁育基地每块标准地面积为 0.1 ~ 5.0 m²，阔叶树种苗繁育基地每块标准地面积为 1 ~ 5 m²，标准地的累积总面积应不少于调查总面积的 0.1% ~ 5.0%，然后对标准地的样株进行逐株检查。

棋盘式取样法：在产地、车厢、船舱上对货物进行检疫检验时，可采用棋盘式取样法。检验调运的种子时，每舱或每船按棋盘式随机选取 30 ~ 50 个点，必要时可增加至 90 个点。

随机布点法：有时由于产品及苗木等分布不均匀，也可以采用随机分布点法进行抽样，抽样时尽量抽取怀疑具有有害生物的样本。

采用以上方法取样时，应按照所抽取样品的数量多少，选取适当送检样品，并装入容器内带回实验室。应注意每份样品必须附有标签，标明样品的种类、品种、来自何地、批次、件数、取样日期、抽样方式及货物堆放场所等。

2.2.4 检验方法

2.2.4.1 害虫和螨类检验

（1）直接检验

利用肉眼或借助放大镜直接识别害虫（包括危害状）、螨类及杂草种子，可用于检查苗木、种子等。在现场检验中，直接检验可用于卵、幼虫、蛹、茧和各种虫态的死活虫体、害虫及螨类的危害状、食痕的危害状检验，害虫的排泄物、脱皮及其他遗留物检验。

种子：在检查种子时，仔细观察种实的形状、色泽，察看种实间是否混有虫体、虫卵、蛹、幼虫、虫瘿，以及果梗、果面上是否有异色斑驳及细小孔洞等，然后将色泽异常的种粒及害虫取出再进行识别与鉴别。

繁殖材料：检查苗木、花卉、插条、接穗等繁殖材料时，应注意观察根、茎、叶、花各部位，特别是皮层的缝隙、包卷的叶片和芽苞，仔细检查是否有虫体依附、害虫取食痕迹、虫瘿及螨类。应注意收集所发现的虫体和有虫组织，然后再使用其他检验方法进行鉴别。

块根类：检查块根、块茎、鳞茎要特别注意芽眼、凹陷处、伤口和附着泥土处。仔细检查是否有害虫或螨类及其危害状，是否附着有杂草种子。

（2）室内检验

多层筛检：应检出虫、螨虫粒、病粒、杂草籽及其他杂物，下层筛出物在 23～45 ℃ 处理 20～30 min 以检验螨类。

形态分析鉴定检验：根据害虫的卵、幼虫、蛹、茧、成虫等形态特征，对可疑虫、螨进行检验。使用的工具主要是体视显微镜。进行形态鉴别时，应该将所采标本的特征与文献记载特征进行仔细的比较，必要时应请分类学家或专家对所采标本的鉴定结果进行核实，以避免误鉴。

2.2.4.2　植物病原检验

引起植物病害的病原物有真菌、细菌、病毒、菌原体、立克次氏体、类病毒、寄生性种子植物、线虫、螨类和藻类等。将检疫检验中的真菌、细菌、线虫、病毒等病原物制成各种玻片（如细菌涂片等），在光学显微镜下分别用低倍镜、高倍镜、油镜进行观察鉴定，是森林动植物检疫检验中最常用的形态鉴别方法。在对检疫检验中所获得的病原进行鉴定时，不应只根据其形态特征判别病原的种类，必要时还应参考病原的培养性状，如菌落特征、生化特征、DNA 序列分析等确定病原的种类。

2.2.5　检疫处理方法

2.2.5.1　退回处理

当货主不愿销毁携带有危险性有害生物的检疫物时，应当将货物退给物主，不准其进入。

2.2.5.2　除害处理

机械处理：利用筛选、风选、水选等选种方法除去混杂在种子中的菌瘿、虫瘿、虫粒和杂草种子，或人工切除植株、繁殖材料已发生病虫危害的部位，或挑选出无病虫侵染的个体。

熏蒸处理：熏蒸是当前应用最广泛的检疫除害方法，即利用熏蒸剂在密闭设施内处理植物或植物产品，以杀死害虫和螨类，部分熏蒸剂兼有杀菌作用。

化学处理：即利用熏蒸剂以外的化学药剂杀死有害生物，但处理后应注意保护检疫物在贮运过程中免受有害生物的污染。化学处理是防除种子、苗木等繁殖材料病虫害的重要手段，也常用于交通工具和贮运场所的消毒。

物理处理：即用高温、低温、微波、高频、超声波以及辐射等处理方法，该方法多兼具杀菌、杀虫效果，可用于处理种子、苗木、水果等。

2.2.5.3 销毁处理

当不合格的检疫物无有效的处理方法，或虽有处理方法，但在经济上不合算、在时间上不准许时，应退回或采用焚烧、深埋等方法销毁。

2.2.6 检疫性有害生物名录

1990 年以来，我国对《中华人民共和国进境植物检疫性有害生物名录》已修订 3 次。1996 年原林业部颁布了 35 种森林植物检疫对象名单；2004 年，将有害生物种类从 35 种调整为 19 种，此后又陆续增补 3 种，形成了有 22 种林业检疫性有害生物的名单；2013 年 1 月，原国家林业局又正式发布了新的全国检疫性有害生物名单，将 22 种有害生物调整为 14 种。

全国检疫性有害生物名单：

(1) 松材线虫 *Bursaphelenchus xylophilus*

(2) 美国白蛾 *Hyphantria cunea*

(3) 苹果蠹蛾 *Laspeyresia pomonella*

(4) 红脂大小蠹 *Dendroctonus valens*

(5) 双钩异翅长蠹 *Heterobostrychus aequalis*

(6) 杨干象 *Cryptorrhynchus lapathi*

(7) 锈色棕榈象 *Rhynchophorus ferrugineus*

（8）青杨脊虎天牛　*Xylotrechus rusticus*

（9）扶桑绵粉蚧　*Phenacoccus solenopsis*

（10）红火蚁　*Solenopsis invicta*

（11）枣实蝇　*Carpomya vesuviana*

（12）落叶松枯梢病菌　*Botryosphaeria laricina*

（13）松疱锈病菌　*Cronartium ribicola*

（14）薇甘菊　*Mikania micrantha*

河北省补充林业检疫性有害生物名单：

（1）柳蝙蛾　*Phassus excrescens*

（2）日本松干蚧　*Matsucoccus matsumurae*

（3）双条杉天牛　*Semanotus bifasciatus*

（4）双斑锦天牛　*Acalolepa sublusca*

（5）锈色粒肩天牛　*Apriona swainsoni*

（6）花曲柳窄吉丁　*Agrilus marcopoli*

（7）板栗疫病　*Cryphonectria parasitica*

（8）梨园蚧　*Quadraspidiotus perniciosus*

（9）苹果棉蚜　*Eriosoma lanigerum*

（10）桃仁蜂　*Eurytoma maslovskii*

（11）葡萄根瘤蚜　*Viteus vitifolae*

（12）菊花叶枯线虫病　*Aphelenchoides ritzemabosi*

（13）新刺轮蚧　*Aulacaspis neospinasa*

（14）红火蚁　*Solenopsis invicta*

（15）加拿大一枝黄花　*Solidago canadensis*

2.3　林业技术防治

利用林业栽培管理及生产技术措施，有目的地改变某些环境因子，避免或减少有害生物的发生。优良的林业技术不仅保证林业植物对生长发育所要求的适宜条件，同时还可以创造和经常保持足以抑制害虫或病害大面积发生的条件，使害虫或病害的危害降到最低程度。

苗圃生产经营：首先，要注意圃地选择，除注意苗木生长方面外，还要注意苗木地下害虫和病原菌，必要时进行消毒处理。其次，要注意选择无病虫种子、插穗、插条、接穗等繁殖材料。第三，要注意合理施肥和轮作。第四，要加强苗木出圃检验，严禁带病虫苗木出圃。

选育抗病虫品种：在自然界，不同种树种或同种不同品种，受害程度往往不同，这常常是抗病虫性差异引起的，应用抗病虫性品种，可显著减少后期的有害生物防治工作，在林业技术有害生物防治中占有重要地位。

日常管理技术：坚决贯彻"适地适树"的原则，进行各项绿化设计时都应把有害生物问题考虑在内。正确选择树种，合理搭配，尽量营造近自然植物群落。树种规划设计时也要考虑到树种与有害生物的关系，避免与病害转主寄主树种混栽，如避免苹果、梨和桧柏混栽，可减少以后防治锈病的许多麻烦。合理抚育、清除带病虫枯枝落叶，刮除翘皮、扫除落叶，可大量消灭越冬害虫和病原菌。加强水肥管理，增强树势，合理修枝修剪。清除严重被害的树木，可防止其进一步扩散。

2.4 生物防治

生物防治是利用某些生物或生物的代谢产物以防治病虫害的方法，如以虫治虫，以微生物治虫治病，以鸟治虫，以其他动物或植物来治虫等。如人工释放肿腿蜂防治桧柏、侧柏上的双条杉天牛，释放白蛾周氏啮小蜂防治美国白蛾。生物防治的特点是对人、畜、植物安全，害虫不会产生抗性，天敌来源广，且有长期抑制作用。

2.5 物理机械防治

应用简单工具以及现代的光、电、声、热、微波、辐射等物理技术来防治有害生物，统称物理机械防治。

捕杀或剪除：利用人力或简单器械捕杀有群集性或假死性的害虫，剪除病害叶片及病枝，如用木棍、抹布、草把等捕杀小面积的苗圃、幼树或服务区的零散树木、花草上的害虫，害虫聚集阶段效果更好。摘虫叶、虫卵，剪虫枝，振落杀虫，铁丝钩杀蛀干害虫，刮皮杀越冬害虫，翻土杀土壤害虫等，简单实用。

诱杀：利用害虫的趋性，人为设置其所好，诱集害虫加以消灭。

①灯光诱杀：利用害虫的趋光性，用黑光灯诱虫，用来防治害虫效果良好。

使用黑光灯，需加灭虫装置，在灯下设水盆，害虫扑灯时将害虫淹死。

黑光灯要设置于苗圃、服务区空地和互通区等处，要尽量扩大灯光照射的范围，灯具附近的林地虫口密度较大，通常在无风、无月、无雨时诱集效果最好。

②潜所诱杀：人工设置类似栖息环境可以诱集一些害虫，然后杀灭，如树干束草诱杀、树枝叶诱杀。

阻隔：根据害虫的活动习性，人为设置障碍，防治幼虫或不善飞行的成虫扩散、迁移，效果良好，如用塑料布阻隔松毛虫越冬后上树、黏胶环阻止草履蚧上树；由于春尺蠖雌成虫无翅，所以可以羽化后用塑料布阻隔。

高温的利用：主要用于种子有害生物。晒种、浸种都有杀病虫作用。

2.6　化学防治

在现有的害虫防治方法中，化学防治是应用最广、见效最快、经济效益较高的一种防治方法。

农药的使用方法：

（1）喷粉法：用喷雾器将粉剂农药均匀地喷撒在目标物上。此法不需水、工效高、使用方便，但用药量大，漂移的农药易污染环境。

（2）喷雾法：用喷雾器将液体药剂均匀地喷洒在目标物上，此法用药量少、漂移性小、药效高，但需要水，功效低。

（3）种苗浸渍法：苗木用适当浓度农药浸蘸，杀灭有害生物。

（4）熏蒸法：用能在常温下汽化的药剂，蒸发成气体毒杀有害生物。

合理使用农药：

为了经济安全有效，就必须合理用药。必须了解有害生物抗药性的产生及克服方法，化学防治与生物防治紧密结合，减少杀伤天敌，减少污染环境，防止对植物的药害。合理混用，同时还应了解害虫的生物学特性及发生规律。

（1）根据有害生物种类施药。不同昆虫对同一种药剂毒力的反应是不同的，不同病原菌对同一种药剂敏感性也不同，即每种农药都有它一定的防治范围和对象。

（2）适时施药。同一种害虫，幼虫龄期不同，耐药性相差可达几百倍。一般害虫 3 龄后耐药性显著提高，而初孵幼虫耐药性最低。虫态不同，耐药性也不同，一般来说，鳞翅目害虫对药剂的抵抗力为卵 > 蛹 > 幼虫 > 成虫。病原菌不同发育阶段抗药性也不同。常用农药的药效随田间温度的升高而提高。

（3）合理混用农药。把两种或两种以上的农药混合使用，可以防治同时发生的害虫、病害或兼治杂草，有时可以克服和防治抗药性害虫，并能节省人力、物力。但是农药的混用，必须根据农药的理化性质、毒理、防治对象及混合后可能产生的化学变化、对作物的影响等方面进行综合考虑。例如大多数有机磷农药是带中性或微酸性，它们之间一般可以混合。农药混用不适当，则会降低效果，或造成药害。一般应注意如下问题：第一，失效的农药不能与碱性物质混用；第二，混合后产生化学反应引起植物药害的农药，不能相互混合，如波尔多液不能与石硫合剂混用；第三，混合后出现乳剂破坏现象的农药剂型，或混合后产生絮结或大量沉淀的农药剂型，不能相互混合。

（4）考虑对害虫天敌的安全。化学防治常常杀伤天敌，引起害虫再次猖獗。为了避免化学防治对害虫天敌产生的不良影响，必须把化学防治与生物防治适当配合使用，进行协调防治。

（5）避免对植物的药害。造成植物药害的原因主要有四：第一，各种不同植物、甚至不同品种植物，对农药的耐药性有很大差异；第二，不恰当的施药量；第三，植物的不同发育阶段对农药有不同反应；第四，气候条件。

（6）防止农药对人畜毒性和残留残毒的产生。在使用农药时，对于防止农药中毒，一定要认真对待。防止中毒事故的发生，除了事先了解农药的毒性外，必须加强组织领导，做好思想工作。要提高警惕，对剧毒农药的使用必须遵照有关规定；对中等毒性或毒性较低的农药也不要麻痹大意。

（7）尽量交替用药，防止抗性产生。若不用农药，采用生物、林业技术等方法可控制有害生物时，尽量避免用药。化学防治是救急措施，若连续用一种农药，易使有害生物产生抗性，交替使用可减少或避免抗性产生。

面对人们生态意识的提高和对食品安全的更高要求，我国进一步加强了农药安全使用规定、农药安全使用标准和农药登记规定等相关法规和标准，禁止和限制了部分剧毒农药的使用。化学药剂的研发向高效、低毒、低残留和更加专业化的方向发展，以满足无公害防治的要求。为降低或消除农药危害，农药的剂型正朝着水性、粒状、缓释、多功能、省力和精细化的方向发展，使之对环境更加友好。

3 主要害虫

3.1 刺吸式害虫

刺吸式害虫种类很多，主要有同翅目的蚜虫、介壳虫、叶蝉、蜡蝉、木虱、粉虱，半翅目的蝽象，缨翅目的蓟马，蜱螨目的螨类。

刺吸式害虫的发生特点：

（1）以刺吸式口器吸取幼嫩组织的养分，导致枝叶枯萎；发生代数多，高峰期明显；

（2）个体小，繁殖力强，发生初期危害状不明显，易被人忽视；

（3）扩散蔓延迅速，借风力、苗木传播远方；

（4）多数种类为植物病害的媒介昆虫，可传播病毒病和植原体病害。

3.1.1 蚜虫类

3.1.1.1 桃蚜 *Myzus persicae*

◎危害

桃蚜危害海棠、桃、碧桃、梅花、樱花、夹竹桃、百日草、金鱼草、金盏花、蜀葵、香石竹、大丽花、菊花、一品红等。以成虫、若虫群集危害新梢、嫩芽和新叶，受害叶向背面做不规则卷曲。

◎识别特征

无翅孤雌成虫：体长 2.2 mm，体色绿色、黄绿色、粉红色、褐色。尾片圆锥形，有曲毛 6～7 根。

有翅孤雌成虫：体长同无翅成虫，头胸黑色，腹部淡绿色。

卵：椭圆形，初为绿色，后变黑色。

若虫：近似无翅孤雌胎生蚜，淡绿色或淡红色，体较小。

◎生活习性

1 年发生 30～40 代，以卵在桃树的叶芽和花芽基部、树皮缝、小枝中越冬，属乔迁式。翌年 3 月卵开始孵化，先群集芽上，后转移到花和叶上。5～6 月桃蚜繁殖最盛，并不断产生有翅蚜迁入蜀葵和十字花科植物上危害，10～11 月以有翅蚜迁回桃、樱花等树上。春末夏初及秋季是桃蚜危害严重的季节。

3.1.1.2　月季长管蚜 *Macrosiphum rosivorum*

◎危害

月季长管蚜危害月季、蔷薇等蔷薇属植物。以成虫、若虫群集于新梢、嫩叶和花蕾上危害。植株受害后，枝梢生长缓慢，花蕾和幼叶不易伸展，花形变小。

◎识别特征

无翅孤雌蚜：体长 4.2 mm，宽 1.4 mm，长椭圆形；头部浅绿色至土黄色，胸、腹部草绿色，有时红色。触角淡色，各节间处灰黑色。喙第 3～5 节及腹管黑色。

有翅孤雌蚜：体长 3.5 mm，宽 1.3 mm。草绿色，中胸土黄色或暗红色。腹部各节有中斑、侧斑、缘斑，

第8节有1宽横带斑。初孵若虫体长约1 mm，初孵出时白绿色，渐变为淡黄绿色。

◎生活习性

1年10~20代，以成虫和若虫在月季、蔷薇的叶芽和叶背越冬。孤雌生殖。无翅胎生雌蚜4月初开始发生，4月中、下旬至5月份发生数量和被害株数均明显增多。7~8月高温天气对其不适宜，9~10月发生量又增多。平均气温在20 ℃左右，气候比较干燥时，利于其生长和繁殖。

3.1.1.3　棉蚜 *Aphis gossypii*

◎危害

棉蚜危害木槿、石榴、牡丹、紫荆、紫叶李、玫瑰、一串红、菊花、大丽花等。以成虫和若虫群集在寄主的嫩梢、花蕾、

花朵和叶背，吸取汁液，使叶片皱缩，影响开花，同时，诱发煤污病。

◎识别特征

无翅胎生雌蚜：体长1.5~1.8 mm，夏季棕黄色至黑色；腹管圆筒形，尾片圆锥形。

有翅胎生雌蚜：体长1.2~1.9 mm，黄色或浅绿色，前胸背板黑色，腹部两侧有3~4对黑斑纹。腹管黑色，圆管形，尾片与无翅型的相同。无翅若虫复眼红色，夏季多为黄白色至黄绿色，秋季蓝灰色至绿色。

◎生活习性

1年20代左右，以卵在木槿、石榴等枝条的腋芽处越冬。翌年3~4月孵化为干母，在越冬寄主上进行孤雌胎生，繁殖3~4代，4~5月产生有翅胎生雌蚜，飞到菊花、扶桑、茉莉等夏寄主上危害，并继续孤雌生殖，晚秋10月间产生有翅迁移蚜从夏寄主迁到冬寄主上，与雄蚜交配后产卵，以卵越冬。

3.1.1.4　绣线菊蚜 *Aphis citricola*

◎危害

绣线菊蚜主要危害白玉兰、广玉兰、榆叶梅、樱花、海棠、苹果、南蛇藤和绣线菊等。以成虫、若虫群集危害新梢、嫩芽和新叶，受害叶片向背面横卷。

◎识别特征

无翅雌蚜：体长约 1.7 mm，体黄色或黄绿色，腹管和尾片灰黑色。

有翅雌蚜：头和胸部黑色，腹管黄色，有黑色斑纹。若虫黄绿色，腹部肥大，腹管短小。

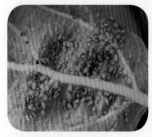

◎生活习性

1 年 10 代左右，以卵在树皮缝、腋芽等处越冬，以 2～3 年生枝条分叉皱缝和腋芽处卵量较多。翌年 3 月花木萌芽时，越冬卵孵化。初孵若虫先在越冬寄主上危害，群集刺吸幼芽、嫩梢和幼叶汁液，造成叶片卷曲、枯黄、提早落叶。4～5 月迁飞到绣线菊等花卉上刺吸危害，进行孤雌繁殖，此时虫口密度上升，夏季多雨时节虫口密度下降。夏末秋初产生有翅蚜，逐渐迁飞到树木上危害。10 月产生雌雄有性蚜，雌蚜交配后产卵，以卵越冬。

◎蚜虫类的防治措施

（1）检疫检查

注意检疫虫情，抓紧早期防治。

（2）保护和利用天敌

瓢虫、草蛉等天敌能大量人工饲养后适时释放。另外蚜霉菌等亦能人工培养后稀释喷施。

（3）药剂防治

尽量少用广谱触杀剂，选用对天敌杀伤较小、内吸和传导作用大的药物。发生严重地区，木本花卉发芽前，喷施5波美度的石硫合剂，以消灭越冬卵和初孵若虫。虫口密度大时，可喷施质量分数为10%的吡虫啉可湿性粉剂2 000倍液、质量分数为3%的啶虫脒乳油2 000~2 500倍液、质量分数为2.5%的鱼藤精1 000~2 000倍液等。

（4）物理防治

利用涂有黄色胶液的纸板或塑料板，诱杀有翅蚜虫；或采用银白色锡纸反光，驱避迁飞的蚜虫。

3.1.2 蚧虫类

3.1.2.1 日本龟蜡蚧 *Ceroplastes japonicus*

◎危害

日本龟蜡蚧危害悬铃木、小叶黄杨、枣、柿、雪松等多种植物。

◎识别特征

雌成虫体宽，卵圆形，红褐色，足发达。被灰白色蜡壳，背隆，表面有龟甲状凹纹，周缘具8个角突。

雄成虫棕褐色，触角10节，翅透明。雄虫介壳星芒状，中间为一长椭圆形突起的蜡板，四周有13个大型蜡角。

◎生活习性

1年1代，以受精雌成虫在枝条上越冬。翌年5月产卵，若虫6月大量孵化，形成星芒状蜡被。3龄后雌雄开始分化，雄虫仍为星芒状，雌虫融合形成龟甲状蜡被。繁殖快、产卵量大，产卵期长，若虫期发生不一致。须抓住关键时期防治。

3.1.2.2　草履蚧 *Drosicha corpulenta*

◎危害

草履蚧危害海棠、樱花、柿、紫薇、月季、红枫、桑等多种树木。若虫和雌成虫常成堆聚集在腋芽、嫩梢、叶片和枝杆上，吮吸汁液危害，造成植株生长不良，早期落叶。

◎识别特征

雌成虫黄褐色或红褐色，椭圆，背面有皱褶，体分节明显，触角、口器、足黑色，体被白色蜡粉和微毛。

雄成虫紫红色，翅淡黑色，触角黑色。若虫初孵化时棕黑色，腹面较淡，触角棕灰色，第三节淡黄色，很明显。

◎生活习性

1年1代。以卵在土中越夏和越冬。翌年2月上中旬，在土中开始孵化，能抵御低温，但若虫活动迟钝，在地下要停留数日，温度高，停留时间短，天气晴暖，出土个体明显增多。孵化期要延续1个多月。若虫出土后沿树干上爬至梢部、腋芽或初展新叶的叶腋刺吸危害。雄性若虫4月下旬化蛹，5月上旬羽化为雄成虫，羽化期较整齐，前后1星期左右。羽化后即觅偶交配，寿命2~3 d。雌性若虫3次蜕皮后即变为雌成虫，经交配后潜入土中产卵。卵有白色蜡丝包裹成卵囊，每囊有卵100多粒。草履蚧若虫、成虫的虫口密度高时，往往群体迁移，爬满附近墙面和地面。

3.1.2.3　皱大球蚧 *Eulecanium kuwanai*

◎危害

皱大球蚧危害杨、槐、刺槐、榆树、悬铃木等。

◎识别特征

雌成虫黄色，体缘和背中央黑色，体背有 2 块黄色斑，斑上有不规则小黑点，臀裂短，肛板 2 块。若虫背面有龟甲状纹，尾端有 2 条尾丝。

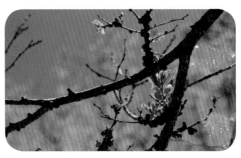

◎生活习性

1 年发生 1 代，以 2 龄若虫在 1 至 2 年生枝条上或芽附近越冬，翌年春季寄主萌芽时开始危害，进行雌雄分化。4 月中旬至 5 月初雌蚧虫体膨大成半球形，体皮软，并开始流胶，5 月初雄虫羽化，进行交配，可行孤雌生殖。5 月中旬雌虫开始产卵，6 月上旬开始孵化，初孵化若虫喜集中固定在叶背面主脉两侧吸食汁液，体表分泌蜡被，发育极慢。9 月中旬至 10 月上旬若虫迁至枝条下方固着越冬。

3.1.2.4 桑白盾蚧 *Pseudaulacaspis pentagona*

◎危害

桑白盾蚧危害桃、樱花、丁香、榆叶梅、木槿、夹竹桃、白蜡、紫穗槐、翠菊、玫瑰、芍药等。雌成虫和若虫群集固着在枝干上刺吸汁液，严重时介壳密集重叠。受害后，花木生长不良，树势衰弱，甚至枝条或全株死亡。

◎识别特征

雌蚧介壳圆形或近圆形，长 2.0～2.5 mm，灰白色，背面微隆，有螺旋纹；壳点黄褐色，偏在介壳的一方。雌成虫体宽，体长约 1 mm，卵圆形，橙黄色或橘红色。雄蚧介壳细长，白色，长 1 mm 左右，背面有 3 条纵脊，壳点橙黄色，位于介壳的前端。

◎生活习性

1年2~5代，以受精雌成虫固着在枝条上越冬。各代若虫孵化期分别在5月上、中旬，7月中、下旬及9月上、中旬。早春树液流动后雌成虫开始吸食汁液，虫体迅速膨大，体内卵粒逐渐形成。卵产于雌蚧介壳下。雌成虫产完卵便干缩死亡。初孵化的若虫将口针插入枝干皮层内固定吸食。雌若虫在第一

次蜕皮后即分泌蜡质物，形成圆形介壳；雄若虫在第一次蜕皮后，进入2龄后期才开始分泌白色絮状蜡质物形成长筒形介壳。雄虫寿命极短，仅1 d左右。该虫多分布于枝条分叉处和枝干阴面。

◎介壳虫类的防治措施

（1）加强植物检疫

禁止有虫苗木输出或输入。

（2）加强养护

通过林业技术措施来改变和创造不利于蚧虫发生的环境条件，如合理施肥，清洁环境，提高植株自然抗虫力；合理确定植株种植密度，合理疏枝，改善通风透光条件；冬季或早春，结合修剪、施肥等，挖除卵囊，剪去部分有虫枝，集中烧毁，以减少越冬虫口密度基数。

（3）化学防治

冬季和早春植物发芽前，可喷施1次3~5波美度石硫合剂，消灭越冬若虫和雌虫。在初孵若虫期进行喷药防治，常用药剂有：质量分数为10%的吡虫啉可湿性粉剂1 500倍液，0.3~0.5波美度石硫合剂等，每隔7~10 d喷1次，共喷2~3次，喷药时要求均匀周到，也可用质量分数为10%的吡虫啉乳油5~10倍液打孔注药。

（4）生物防治

介壳虫天敌多种多样，种类十分丰富，如澳洲瓢虫可捕食吹绵蚧；大红瓢虫和红缘黑瓢虫可捕食草履蚧；红点唇瓢虫可捕食日本龟蜡蚧、桑白蚧、长白蚧等多种蚧虫；异色瓢虫、草蛉等可捕食日本松干蚧。寄生盾蚧的小蜂有蚜小蜂、跳小蜂、缨小蜂等。因此，在林业绿地中种植蜜源植物、保护和利用天敌，在天敌较多时，不使用药剂或尽可能不使用广谱性杀虫剂，在天敌较少时进行人工饲养繁殖，发挥天敌的自然控制作用。

3.1.3 叶蝉类

叶蝉类属同翅目叶蝉科，身体细长，常能跳跃，能横走，易飞行。通称浮尘子，种类很多。常见的叶蝉类有大青叶蝉、棉叶蝉、二星叶蝉等。

大青叶蝉 *Cicadella viridis*

◎危害

大青叶蝉危害木芙蓉、杜鹃、梅、李、樱花、海棠、青桐、桧柏、杨、柳、刺槐等。以成虫和若虫刺吸植物汁液，受害叶片呈现小白斑，产卵造成枝条枯死，影响生长发育，且可传播病毒病。

◎识别特征

成虫体长 7 - 10 mm，雄虫较雌虫略小，青绿色。头橙黄色，左右各具 1 小黑斑，单眼 2 个，红色，单眼间有 2 个多角形黑斑。前翅革质绿色微带青蓝，端部色淡近半透明；前翅反面、后翅和腹背均黑色，腹部两侧和腹面橙黄色。足黄白色至橙黄色。卵长卵圆形，微弯曲，一端较尖，长约 1.6 mm，乳白色至黄白色。若虫与成虫相似。

◎生活习性

1 年 3～5 代，以卵于树木枝条表皮下越冬。4 月孵化，若虫期 30～50 d，第 1 代成虫发生期为 5 月下旬至 7 月上旬，发生不整齐，世代重叠。

成虫有趋光性，夏季颇强，晚秋不明显。产卵于寄主植物枝条、叶柄、主脉、枝条等组织内，以产卵器刺破表皮形成月牙形伤口，产卵 6～12 粒于其中，排列整齐，产卵处的植物表皮呈肾形突起。每雌虫可产卵 30～70 粒，非越冬卵期 9～15 d，越冬卵期达 5 个月以上。10 月下旬为产卵盛期，直至秋后，以卵越冬。

◎叶蝉类的防治措施

（1）加强管理

清除树木、花卉附近的杂草。结合修剪，剪除有产卵伤痕的枝条。

（2）灯光诱杀

设置黑光灯，诱杀成虫。

（3）化学防治

在成虫、若虫危害期，喷施质量分数为 10% 的吡虫啉可湿性粉剂 1 500 倍液、质量分数为 20% 的杀灭菊酯乳油或质量分数为 2.5% 的功夫乳油 2 000 倍液等。

3.1.4　蜡蝉类

蜡蝉类属于同翅目蜡蝉科，体小型至大型。中足基节长，着生在身体的两侧，互相远离，后足基节短、固定不能活动，并互相接触，能跳跃。

斑衣蜡蝉 *Lycorma delicatula*

◎危害

斑衣蜡蝉又名椿皮蜡蝉，危害臭椿、香椿、悬铃木、红叶李、紫藤、槐树类、榆树类、大叶黄杨、珍珠梅、金叶女贞、樱桃、五叶地锦和葡萄等。成虫和若虫刺吸嫩梢及幼叶的汁液，造成叶片枯黄、嫩梢萎蔫、枝条畸形，还能诱发煤污病。

◎识别特征

成虫：体长 15～25 mm，翅展 40～50 mm，全身灰褐色；

前翅革质，基部约2/3为淡褐色，翅面具有20个左右的黑点，端部约1/3为深褐色；后翅膜质，基部鲜红色，具有黑点，端部黑色。体翅表面附有白色蜡粉。头角向上卷起，呈短角突起。翅膀颜色偏蓝色为雄性，翅膀颜色偏米色为雌性。

若虫：体形似成虫，初孵时白色，后变为黑色，体有许多小白斑，1~3龄为黑色斑点，4龄体背呈红色，具有黑白相间的斑点。

◎生活习性

1年1代，以卵在枝干和附近建筑物上越冬。翌年4月若虫孵化，5月上中旬为若虫孵化盛期。小若虫群居在嫩枝幼叶上危害，稍有惊动便蹦跳而逃离。其危害不仅影响枝蔓当年的成熟，还影响翌年枝条的生长发育。6月中下旬成虫出现，成虫和若虫常常数十头群集危害，此时寄主受害更加严重。成虫交配后，将卵产在避风处，卵粒排列呈块状，每块卵粒不等，卵块覆盖有黄褐色分泌物，类似黄泥块贴在树干皮上。10月成虫逐渐死亡，留下卵块越冬。

◎蜡蝉类的防治措施

（1）消灭卵块

秋冬季节修剪和刮除卵块，以消灭虫源。

（2）药剂防治

若虫初孵期喷施质量分数为5%的氟氯氰菊酯乳油5 000倍液进行防治。

3.1.5 蝽类

蝽类属于半翅目，以刺吸式口器危害植物的叶片、花、果实等，但不同种类的蝽危害症状不同。常见的有盲蝽科的绿盲蝽、黑盲蝽，网蝽科的梨网蝽等。

3.1.5.1 绿盲蝽 *Apolygus lucorum*

◎危害

绿盲蝽危害木槿、石榴、海棠、菊花、桃等。成虫、若虫喜群集危害嫩叶、叶芽、花蕾。叶片被害后，出现黑斑和孔洞，严重时叶片扭曲皱缩。花蕾被害处渗流出黑褐色汁液，影响开花和观赏。

◎识别特征

成虫：体长约 5 mm，黄绿色至浅绿色，触角 4 节，比体短。前胸背板绿色，上有微弱的小刻点。足绿色，腿节膨大。

卵：香蕉形，黄绿色，长约 1 mm，卵盖乳黄色，中央凹陷。

若虫：体长 3 mm 左右，鲜绿色。5 龄老熟若虫全体密布黑色细毛。

◎生活习性

1 年发生 4～5 代，以卵在寄主的枝干表皮伤口组织内越冬。翌年 4 月中旬为若虫盛孵期，5 月上中旬为成虫羽化期。第 2～5 代分别在 6 月上旬、7 月中旬、8 月中旬和 9 月中旬出现。从 10 月中下旬开始产卵。成虫活跃善飞，有趋光性，成虫羽化后 6～7 d 开始产卵，卵散产于嫩叶主脉、叶柄及嫩茎组织内。

成虫、若虫均不耐高温干燥，喜多雨潮湿环境，发生数量多，危害重。成虫白天隐蔽在枝叶处，傍晚后喜群集于花叶嫩头、幼蕾等处刺吸汁液。

3.1.5.2 梨网蝽 *Stephanitis nashi*

◎危害

梨网蝽危害樱花、日本晚樱、梅花、月季、杜鹃、海棠、碧桃、榆叶梅、贴梗海棠、苹果、梨等树木。成虫和若虫在叶背刺吸汁液，被害处有许多斑斑点点的褐色粪便和产卵时留下的蝇粪状黑点，整个受害叶片背面呈锈黄色，正面形成苍白色斑点。受害严重时，叶片上斑点成片，全叶失绿呈苍白色，提早脱落。

◎识别特征

体扁平黑褐色，前胸背板中央纵向隆起，后伸展如叶，前翅长方形。卵黄绿色，一端略弯。若虫5龄，体侧有明显锥状刺突。

◎生活习性

1年3~4代，以成虫在树皮裂缝、枯枝落叶、杂草丛中或土块缝隙中越冬。次年4月上、中旬，越冬成虫开始活动。4月下旬成虫开始产卵，卵产在叶背组织里，上面覆有黄褐色胶状物。初孵若虫不甚活动，有群集性，2龄后活动范围逐渐扩大。6月中旬第1代成虫大量出现。成虫、若虫喜群集叶背主脉附近危害。成虫期1个月以上，产卵期长，有世代重叠现象，全年7~8月危害最严重。10月中、下旬以后成虫开始越冬。

◎蝽类的防治措施

（1）加强养护

及时清除落叶和杂草，注意通风透光，创造不利于该虫生活的条件。

（2）化学防治

发生严重时可用质量分数为10%的吡虫啉可湿性粉剂

2 000～3 000 倍液、质量分数为 2% 的阿维菌素 3 000～4 000 倍液喷雾。

（3）保护和利用天敌

草蛉、蜘蛛、蚂蚁等都是螨类的天敌，当天敌较多时，尽量不喷药剂，以保护天敌。

3.1.6　木虱类

木虱类属于同翅目木虱科。体小型，形状如小蝉，善跳能飞。在林业上常见的有青桐木虱。

青桐木虱 *Thysanogyna limbata*

◎危害

青桐木虱常以成虫和若虫群集于嫩梢或枝叶上，吸汁危害，尤以嫩梢和叶背居多。若虫分泌白色棉絮状蜡质物，影响树木光合作用和呼吸作用，并诱发霉菌寄生。危害严重时，叶片提早脱落，枝梢干枯。

◎识别特征

成虫：体黄绿色，体长 4～5 mm。触角 10 节，前胸背板弓形，前缘、后缘黑褐色。中胸背板有两条褐色纵线，中央有一条浅沟。足黄色。翅透明，翅脉浅褐色，内缘室端部有 1 个褐色斑，径脉自翅的半部分叉。腹部背板浅黄色，腹部各节前端有褐色横带。

卵：长卵圆形，一端稍尖，长 0.7 mm。

若虫：共五龄，第 1 龄、第 2 龄若虫身体扁平，略呈长方形，黄色或绿色，末龄若虫身体近圆筒形，茶黄色常带绿色，腹部有发达的蜡腺，故身体上覆盖有白色的絮状物。

◎生活习性

1 年 2 代，以卵在枝叶上越冬。次年 4 月下旬至 5 月上旬越冬卵开始孵化，6 月上、中旬成虫羽化，6 月下旬为羽化盛期。第 2 代若虫 7 月中旬发生，8 月上、中旬羽化，8 月下旬成虫开始产卵,卵散产于枝叶等处。

成虫产卵前需补充营养,成虫寿命约6周。若虫潜居于白色棉絮状蜡丝中,行动迅速,无跳跃能力。若虫、成虫均有群聚性,往往几十头群聚在嫩梢或棉絮状白色蜡质物中。成虫羽化1~2 d后,移至无分泌物处继续吸食汁液,喜爬行,如受惊扰,即跳跃他处。

◎木虱类的防治措施

(1)检疫检查

苗木调运时加强检查,禁止带虫材料外运。结合修剪,剪除带卵枝条。

(2)药剂防治

若虫发生盛期(叶背出现白色絮状物时)喷施机油乳剂30~40倍液、质量分数为25%的扑虱灵可湿性粉剂或质量分数为1%的阿维菌素2 000倍液。

(3)保护天敌

如赤星瓢虫、黄条瓢虫、草蛉等,对青桐木虱的卵和若虫都能捕食。

3.1.7 螨类

螨类属于蛛形纲、蜱螨目,俗称红蜘蛛。整个身体分为颚体和躯体两部分。种类多,危害广,多数以危害叶片为主,受害叶片表面出现许多灰白色的小点,失绿、失水影响光合作用,导致生长缓慢甚至停止,严重时落叶枯死。在林业植物上常见的有朱砂叶螨、山楂叶螨、柏小爪螨等。

3.1.7.1 朱砂叶螨 *Tetranychus cinnabarinus*

◎危害

朱砂叶螨又名棉红蜘蛛,分布广泛,是世界性的害螨,也是许多花卉的主要害螨,危害菊花、凤仙花、茉莉、月季、一串红、鸡冠花、蜀葵、木槿、木芙蓉、万寿菊、天竺葵、鸢尾、山梅花等。被害叶片上先出现黄白色小斑点,后逐渐扩展到全叶，造成叶片卷曲，枯黄脱落。

◎识别特征

雌成虫：体长 0.28 ~ 0.32 mm，体红色至紫红色（有些甚至为黑色），在身体两侧各具一倒"山"字形黑斑，体末端圆，呈卵圆形。

雄成虫：体色常为绿色或橙黄色，较雌螨略小，体后部尖削。

卵：圆形，初产乳白色，后期呈乳黄色，产于丝网上。

◎生活习性

世代数因地而异。1 年发生 12 ~ 20 代。主要以受精雌成螨在土块缝隙、树皮裂缝及枯叶等处越冬。越冬时一般几个或几百个群集在一起。翌年春季温度回升时开始繁殖危害。在高温的 7 ~ 8 月螨害发生严重。10 月中、下旬螨开始越冬。高温干燥利于其发生。降雨，特别是暴雨，可冲刷螨体，降低虫口数量。

3.1.7.2　山楂叶螨 *Tetranychus viennensis*

◎危害

山楂叶螨又名山楂红蜘蛛，危害樱花、海棠、桃、榆叶梅、锦葵等树木，群集在叶片背面主脉两侧吐丝结网，并多在网下栖息、产卵和危害。受害叶片常先从叶背近叶柄的主脉两侧出现黄白色至灰白色小斑点，继而叶片变成苍灰色，严重时则出现大面积枯斑，叶片迅速枯焦并早期脱落，极易成灾。

◎识别特征

雌成螨：卵圆形，体长 0.54 ~ 0.59 mm，冬型鲜红色，夏型暗红色。

雄成螨：体长 0.35 ~ 0.45 mm，体末端尖削，橙黄色。

卵：圆球形，春季产的卵呈橙黄色，夏季产的卵呈黄白色。

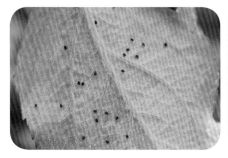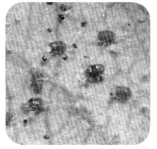

幼螨：初孵幼螨体圆形，黄白色，取食后为淡绿色，3 对足。

若螨：4 对足。前期若螨体背开始出现刚毛，两侧有明显墨绿色斑，后期若螨体较大，体形似成螨。

◎生活习性

1 年 7 ~ 9 代。以受精雌成螨在枝干树皮裂缝、粗皮下或干基土壤缝隙等处越冬。翌年 3 月下旬至 4 月上旬，越冬雌成螨出蛰危害。当日均温达 15 ℃时成螨开始产卵，5 月中、下旬为第 1 代幼螨和若螨的出现盛期，6 ~ 7 月危害最重。进入雨季后种群密度下降，8 ~ 9 月出现第二次危害高峰，10 月底以后进入越冬状态。

3.1.7.3 柳刺皮瘿螨 *Aculops niphocladae*

◎危害

柳刺皮瘿螨危害柳树、千屈菜等，主要危害嫩梢、叶片和幼芽。被害嫩梢叶片变小，节间和花序缩短，呈现绣球状畸形；被害幼芽皱缩，纵向扭曲成棒状；被害叶片表面产生增生组织，形成许多直径 3 mm 的小圆珠状瘿瘤，瘿瘤外圈叶表面失绿呈黄色，中间呈紫红色或桃红色，瘿瘤内含瘿螨 100 多头。危害严重时，一片叶上有数十个虫瘿，严重影响树木正常生长。

◎识别特征

成螨：体长约 0.2 mm，体宽 0.05 mm，纺锤形略平，前圆后细，棕黄色。体侧各有刚毛 4 根，尾端有短毛 2 根。

若螨：体长 0.06～0.16 mm，圆柱形，稍弯曲，黄白色。

伪蛹（第 2 龄若螨）：体长 0.17～0.19 mm，长椭圆形，黄白色。

卵：0.04～0.05 mm，椭圆形，表面光滑，乳白色。

◎生活习性

1 年发生数代，通常以成螨在柳树芽鳞间、树干的翘皮裂缝内，或者柳树的一二年生枝条的裂隙处及凹陷处越冬。翌年 4 月下旬至 5 月上旬，柳树展叶时螨迁移至幼叶、嫩芽内危害，随着叶组织的老化又不断迁往新生芽和幼叶上。随着气温升高，其繁殖加速，危害加重，雨季螨量下降。该螨具群集、趋嫩、避光等习性，绝大多数群集在瘿瘤中取食，只有少数在叶背取食。

◎螨类的防治措施

（1）加强栽培管理

搞好园地卫生，及时清除园地杂草和残枝虫叶，减少虫源。改善园地生态环境，增加植被，为天敌创造栖息生活繁殖场所。保持园地通风凉爽，避免干旱及温度过高。夏季园地要适时浇水喷雾，尽量避免干旱或高温使害螨生存繁殖。初发生危害期，可喷清水冲洗。

（2）越冬期防治

螨越冬的虫口基数直接关系到翌年的虫口密度，因而必须做好有关防治工作，以杜绝虫源。对木本植物，刮除粗皮、翘皮，结合修剪，剪除病、虫枝条，越冬虫口密度大时可喷 3～5 波美度石硫合剂，杀灭在枝干上越冬的成螨。亦可树干束草，诱集越冬雌螨，第二年春季收集烧毁。

（3）药剂防治

发现螨在较多叶片危害时，应及早喷药。防治早期危害，是控制后期猖獗的关键。可喷施质量分数为 1.8% 的阿维菌素乳油 3 000 ~ 5 000 倍液或质量分数为 15% 的达螨灵乳油 1 500 倍液。喷药时，要求做到细微、均匀、周到，要喷到植株的中、下部及叶背等处，每隔 10 ~ 15 d 喷 1 次，连续喷 2~3 次，有较好效果。

（4）生物防治

螨天敌种类很多，注意保护瓢虫、草蛉、小花蝽、植绥螨等天敌。

3.2 食叶害虫

食叶害虫是以叶片为食的害虫，主要危害健康植物，以幼虫取食叶片，常咬成缺口或仅留叶脉，甚至全吃光。少数种类潜入叶内，取食叶肉组织，或在叶面形成虫瘿，如毒蛾、叶蜂等。由于多裸露生活，食叶害虫数量的消长常受气候与天敌等因素直接制约。这类害虫的成虫多数不需补充营养，寿命也短，幼虫期成为其主要摄取养分和造成危害的虫期，一旦发生危害则虫口密度大而集中。幼虫也有短距离主动迁移危害的能力，某些种类常呈周期性大面积发生。

食叶害虫的主要种类：蛾类、蝶类、金龟子类、叶甲类、叶蜂类。

3.2.1 袋蛾类

大袋蛾 *Clania vartegata*

◎危害

大袋蛾食性杂，以幼虫取食悬铃木、刺槐、泡桐、榆等多种植物的叶片，寄主广，有 600 余种植物。易暴发成灾，对绿化影响很大。

◎识别特征

雌雄异型。雄虫具翅，体翅黑褐色，翅中间有 2 透明斑；

雌虫足、翅退化，幼虫形肥胖，腹部七八节间有环状黄色绒毛，在护囊内生活；护囊纺锤形，上有碎片和小枝条，排列不齐。

◎生活习性

多数1年1代。以老熟幼虫在袋囊内越冬，翌年3月下旬开始出蛰，4月下旬开始化蛹，5月下旬至6月份羽化，卵产于护囊蛹壳内，每头雌虫可产卵2 000～3 000粒。卵6月中旬开始孵化，初龄幼虫从护囊内爬出，靠风力吐丝扩散。取食后吐丝并咬啮碎屑、叶片筑成护囊，袋囊随虫龄增长扩大而更换，幼虫取食时负囊而行，仅头、胸外露。初龄幼虫剥食叶肉，将叶片吃成孔洞、网状，3龄以后蚕食叶片。7～9月幼虫老熟，多爬至枝梢上吐丝固定虫囊越冬。

◎袋蛾类的防治措施

（1）日常管理防治

冬、春季人工摘除越冬虫囊，消灭越冬幼虫，平时也可结合日常管理工作，顺手摘除护囊，特别是植株低矮的木本花卉更易操作。

（2）诱杀

用黑光灯或性激素诱杀雄成虫。

（3）药剂防治

幼虫危害时，喷洒低毒的胃毒剂质量分数为90%的晶体敌百虫1 200倍液、质量分数为2.5%的溴氰菊酯乳油2 000倍液等，有良好的防治效果。喷药时应注意喷施均匀，要求喷湿护囊，以提高防治效果。

（4）生物防治

用青虫菌或Bt制剂500倍液喷雾，保护袋蛾幼虫的寄生蜂、寄生蝇。

3.2.2 刺蛾类

3.2.2.1 黄刺蛾 *Cnidocampa flavescens*

◎危害

黄刺蛾是杂食性食叶害虫，主要危害五角枫、刺槐、核桃、

枣、梅、紫叶李、月
季、海棠、紫薇、杨、
柳等 120 多种植物。
初龄幼虫只食叶肉，4
龄后蚕食叶片，常将
叶片吃光。

◎识别特征

成虫：体黄色，
前翅内半部黄色，外半部褐色，外半部有倒"V"形暗褐色斜线，
内面有一条为黄褐色分界线，前翅黄色部分各有 2 个褐色斑，
雌虫更明显。

幼虫：体背有一大型哑铃形紫褐色斑，体上具枝刺。

卵：黄绿色，椭圆形，茧似雀蛋。

◎生活习性

1 年 1～2 代，以老熟幼虫在枝杈等处结茧越冬，翌年
5～6 月份化蛹，6 月出现成虫，成虫有趋光性。卵散产或数粒
相连，多产于叶背。卵期 5～6 d。初孵幼虫取食卵壳，而后群
集在叶背取食叶肉，4 龄后分散取食全叶。7 月老熟幼虫吐丝
和分泌黏液作茧化蛹。

3.2.2.2 扁刺蛾 *Thosea sinensis*

◎危害

扁刺蛾危害悬铃木、榆、杨、柳、泡桐、大叶黄杨、樱花、
紫叶李、海棠、牡丹、芍药等多种林木花卉，以幼虫取食叶片。

◎识别特征

成虫：体翅灰褐色，中室前方有 1 条暗褐色斜线，雄虫
中室上角有 1 黑点。

卵：黄绿色，长椭圆形。茧黑褐色，坚硬。

幼虫：体扁、背隆，绿色或黄绿色，背线白色，体缘每
侧有 10 个疣状突，上有刺毛，每一体节背面有两小丛刺毛，
第四节背面两侧各有 1 红点。

◎生活习性

1年1~3代，以老熟幼虫结茧在土中越冬。6月和8月为全年幼虫危害的严重时期。成虫傍晚羽化，有趋光性。卵散产于叶面，初孵幼虫剥食叶肉，5龄以后取食全叶，幼虫昼夜取食，9月底以后开始下树结茧越冬。

3.2.2.3 褐边绿刺蛾 *Latoia consocia*

◎危害

褐边绿刺蛾危害大叶黄杨、月季、海棠、牡丹、芍药、苹果、梨、桃、李、杏、梅、樱桃、枣、柿、核桃、板栗、山楂、杨、柳、悬铃木、榆等。幼虫取食叶片，低龄幼虫取食叶肉，仅留表皮，老龄幼虫将叶片吃成孔洞或缺刻，有时仅留叶柄，严重影响树势。

◎识别特征

成虫：头、胸绿色，触角褐色。前翅绿色，基角有略呈放射状的褐色斑纹，外缘有1条浅黄色宽带。

幼虫：末龄体长约25 mm，略呈长方形，圆柱状。头黄色，甚小，常缩在前胸内。前胸盾上有2个横列黑斑，腹部背线蓝色。胴部第二至末节每节有毛瘤4个，其上生1丛刚毛，

第四节背面的 1 对毛瘤上各有 3~6 根红色刺毛，腹部末端的 4 个毛瘤上生蓝黑色刚毛丛，呈球状，背线绿色，两侧有深蓝色点。

◎生活习性

1 年 1~3 代，以老熟幼虫下树结茧越冬。成虫夜间活动，有趋光性；白天隐伏在枝叶间、草丛中或其他荫蔽物下。幼虫 3 龄前具群栖性。

◎刺蛾类的防治措施

（1）灭除越冬虫茧

根据不同刺蛾结茧习性与部位，结合修枝清除树上的虫茧，在土层中的茧可采用挖土除茧。也可结合保护天敌，将虫茧堆集于纱网中，让寄生蜂羽化飞出。另外，初孵幼虫有群集性，摘除带初孵幼虫的叶片，可防止扩大危害。

（2）灯光诱集

刺蛾成虫大都有较强的趋光性，成虫羽化期间可安置黑光灯诱杀成虫。

（3）阻杀

利用老熟幼虫沿树干爬行下树越冬的习性，用毒环毒杀下树的幼虫，用毒笔涂环，或用质量分数为 20% 的杀灭菊酯树干上喷毒环，或与柴油以 1∶2 混合，用牛皮纸浸液后在树干上围环。毒笔制作：用质量分数为 2.5% 的溴氰菊酯与滑石粉、石膏粉以 1∶1∶3 的质量比调和成型，干燥 1 天后备用，树干胸高处划闭合环，间距 3~5 cm，忌接触和呼吸中毒。

（4）药剂防治

幼虫 3 龄以前施药效果好，可用拟除虫菊酯类农药 5 000 倍液、质量分数为 90% 的敌百虫、质量分数为 80% 的敌敌畏乳油等。

（5）保护和利用天敌

施用颗粒体病毒或青虫菌制剂。注意保护利用广肩小蜂、赤眼蜂、姬蜂等天敌。

3.2.3　毒蛾类

3.2.3.1　杨毒蛾 *Stilpnotia candida*、柳毒蛾 *Stilpnotia salicis*

◎危害

杨毒蛾危害杨、柳，取食叶片。形态、习性相似，常伴随发生。

◎识别特征

均为白色中等大小的蛾子，足胫节及跗节具黑环。

杨毒蛾：成虫翅上鳞被厚，触角主干白色，有黑褐色纹。幼虫背面有一灰白色狭纵带。

柳毒蛾：成虫翅上鳞被薄，翅脉带黄色，触角主干纯白色。幼虫背面为一黄色宽纵带。

◎生活习性

杨毒蛾河北省1年2代，以2～3龄幼虫在枯枝落叶层下、树皮缝等处越冬，危害期幼虫夜间取食，成虫具趋光性。幼虫只在夜间活动。

柳毒蛾1年2～3代，以2～3龄幼虫作薄茧越冬。幼虫白天、夜间均活动。

3.2.3.2　舞毒蛾 *Lymantria dispar*

◎危害

舞毒蛾危害苹果、柿、梨、桃、杏、樱桃、板栗、杨树类、柳树类、桑、榆树类、栎类、李、白桦、山楂、槭树类、椴、云杉、油松、华山松、樟子松等500多种植物。幼虫主要危害叶，该虫食量大，食性杂，严重时可将全树叶片食光。

◎识别特征

成虫：雌雄异型，雌虫体大，体长22～30 mm，前翅黄白色，具 4 条锯齿状黑色横线，中室端部有 1 个 "〈" 形黑褐色斑纹，前后翅缘毛黑白相间，雌蛾腹部末端着生黄褐色毛丛。雄蛾体长 16～21 mm，前翅灰褐色或褐色，有深色锯齿状横线，中室中央有 1 个黑褐色点。

幼虫：体长 50～70 mm，头部黄褐色，具 "八" 字形黑纹；体黑褐色，背线与亚背线黄褐色；体背有 11 对大而明显的毛瘤，前 5 对蓝色，后 6 对红色。

◎生活习性

1 年 1 代，以完成胚胎发育的幼虫在卵内越冬。初孵幼虫群集危害，2 龄后幼虫日间隐藏，夜间危害，成虫具趋光性。羽化后的雄成虫在日间常成群飞舞，故称之为 "舞毒蛾"。

成虫飞翔力不强，趋光性强，卵多产在树干表皮或树冠上部叶片背面，呈块状，卵块表面覆盖有灰白色泡沫胶状物。卵期约 15 d。初孵幼虫先群居危害，取食叶肉呈网状，受惊后吐丝下垂，3 龄后分散危害，昼夜取食。7 月为第 1 代幼虫危害盛期，9 月为第 2 代幼虫危害盛期，于 9 月底至 10 月上旬寻找隐蔽处吐丝结茧越冬。

3.2.3.3 桑毛虫 *Porthesia similis*

◎危害

桑毛虫又名盗毒蛾、金毛虫、黄尾毒蛾等，食性杂，危害桑、桃、杨、梨、花椒、柳、白桦等。幼虫危害桑芽和桑叶，初孵幼虫集中在叶背取食叶肉，叶面呈现块状透明斑，3 龄后分散取食，被害叶片成大缺刻，仅留叶脉。人体接触毒毛会引起皮炎，大量毒毛吸入会中毒。

◎识别特征

成虫：体长 12～18 mm，前后翅白色。雌蛾尾部有黄毛，前翅后缘有一茶褐色斑；雄蛾腹面从第三腹节起有黄毛，前翅有 2 个茶褐色斑。后翅均无纹，缘毛很长。

幼虫：体长 26 mm，黄色，有一条红色背线，头部黑褐色。体上有很多红色、黑色毛疣，上生黑色及黄褐色长毛和松枝状白毛。腹部 6 节、7 节两节背面中央有一圆形突出黄色孔。

蛹：长 9~11 mm，圆筒形，棕褐色，臀棘较长，末端生细刺一撮。

茧：土黄色，长椭圆形，茧层薄，有毒毛。

◎生活习性

1 年 2~3 代。成虫日间停伏叶间，傍晚飞翔，具趋光性，多在夜间产卵于叶背，产卵量 250 粒左右。初孵幼虫聚集在叶背危害叶肉，被害叶呈筛网状，3 龄后分散取食，被

害叶片呈大缺刻，4 龄取食后仅剩叶脉，5 龄以后可将叶脉全部吃光。10 月份以 3 龄、4 龄幼虫在树上的残存叶片下及树皮缝内吐丝结茧越冬，越冬部位比较集中，翌年春季桑树发芽便咬破茧壳取食幼芽和嫩叶，4~9 月是幼虫危害叶最严重时期。

◎毒蛾类的防治措施

（1）消灭越冬虫体

清除枯枝落叶和杂草，在树干上绑草把诱集幼虫越冬，翌年早春摘下烧掉，并在树皮缝、石块下等处搜杀越冬的幼虫等。

（2）毒环杀虫

可用溴氰菊酯毒笔在树干上画 1~2 个闭合环（环宽 1 cm），毒杀幼虫，死亡率 86%~99%，残效 8~10 d。也可

绑毒绳等阻止幼虫上、下树。

（3）灯光诱杀

灯光诱杀成虫。

（4）人工杀虫

人工摘除卵块及群集的初孵幼虫。结合日常养护寻找树皮缝、落叶下的幼虫及蛹。

（5）药剂防治

幼虫期喷施质量分数为5%的定虫隆乳油1 000～2 000倍液、质量分数为2.5%的溴氰菊酯乳油4 000倍液、质量分数为25%的灭幼脲3号胶悬剂1 500倍液或质量分数为5%的高效氯氰菊酯4 000倍液喷射卵块。

3.2.4 舟蛾类

3.2.4.1 杨扇舟蛾 *Clostera anachoreta*

◎危害

杨扇舟蛾以幼虫危害各种杨树、柳树的叶片，发生严重时可食尽全叶。

◎识别特征

成虫：前翅灰白色，顶角有1暗褐色扇形斑，斑下方有1黑点，翅面上有灰白色波状横纹4条。

幼虫：体各节环生橙红色毛瘤8个，腹部第1节、第8节背面中央有1个较大的红黑色毛瘤。

◎生活习性

1年3～5代，越往南发生代数越多，均以蛹结薄茧在土中、树皮缝和枯叶卷苞内越冬。成虫夜晚活动，有趋光性。卵产于叶背，单层排列呈块状。初孵幼虫群集啃食叶肉；2 龄后群集缀叶结成大虫包，白天隐匿，夜间取食，被害叶枯黄明显；3 龄后分散取食全叶。幼虫共 5 龄，末龄幼虫食量最大，虫口密度大时，可在短期内将全株叶片食尽。老熟幼虫在卷叶内吐丝结薄茧化蛹。

3.2.4.2　舟形毛虫 *Phalera flavescens*

◎危害

舟形毛虫危害苹果、梨、杏、桃、李、榆叶梅、樱花、紫叶李等。

◎识别特征

成虫：体长 22 ~ 25 mm，翅展 50 mm，体翅黄白色，前翅近基部有银灰色和褐紫色组成的混合斑，外缘有相同的大型色斑，1 列 6 个。

幼虫：老熟幼虫体长 50 mm，头黑褐色，体被黄白色软毛，体背紫褐色，腹面紫红色，体侧有紫红色和稍带黄色的条纹。

◎生活习性

1 年 1 代，以蛹在土中越冬，次年 7 月上旬至 8 月上旬羽化出土。成虫有趋光性，卵块状。幼龄幼虫群栖于叶背取食，受惊后成群吐丝下垂。幼虫白天栖息于叶柄，头尾上翘如舟，老熟幼虫沿树干入土化蛹越冬。

◎舟蛾类的防治措施

（1）人工捕杀

利用集中产卵和幼虫聚集的习性剪除有虫枝叶并处理；

捡拾虫蛹；捕杀成虫。

（2）灯光诱杀

成虫羽化期，利用灭虫灯诱杀成虫。

（3）生物防治

幼虫 1~3 龄时，喷洒青虫菌、白僵菌、苏云金杆菌等。

（4）化学防治

当害虫发生猖獗时，可用质量分数为 10% 的氯氰菊酯乳油 1 000~1 500 倍液，或其他菊酯类农药甲氰菊酯（质量分数为 20%）、三氟氯氰菊酯（质量分数为 2.5%）等农药 4 000~5 000 倍液防治。

3.2.5 尺蛾类

3.2.5.1 槐尺蛾 *Semiothisa cinerearia*

◎危害

槐尺蛾主要危害槐树、龙爪槐，食料不足时也危害刺槐。以幼虫取食叶片，严重时可使植株死亡。

◎识别特征

成虫：体翅褐色，前翅上具有 3 条波状横线，后翅上有 2 条，外横线外色深，前翅端部有 1 三角形斑。

幼虫：体粉绿色，头及体背上散布多数黑点（春型）或体侧有黑褐色条斑（秋型）。

◎生活习性

1 年 3~4 代。以蛹在树下松土中越冬。翌年 4 月中旬羽化为成虫。成虫具有趋光性，白天在墙壁、树干或灌木丛里停落，夜出活动产卵，卵多产于叶片正面主脉上，每处 1 粒。每雌虫平均产卵 420 粒。5 月中旬刺槐开花时，第 1 代幼虫危害；6 月下旬及 8 月上旬，第 2 代、第 3 代幼虫危害。幼虫共 6 龄，4 龄前幼虫食量小，5 龄后幼虫食量剧增，幼虫有吐丝下垂习性。幼虫老熟后吐丝下垂至松土中化蛹。

3.2.5.2　丝棉木金星尺蠖 *Calospilos suspecta*

◎危害

丝棉木金星尺蠖主要危害丝棉木、大叶黄杨、扶芳藤、卫矛、女贞、白榆等多种植物。危害严重时叶片被食光，影响植物的正常生长。

◎识别特征

成虫：体长约 13 mm，翅展开 38 mm 左右。翅白色，翅面具有浅灰色和黄褐色斑纹。前翅中室有圆圈形斑，翅基部有深黄色、褐色、灰色花斑。卵椭圆形，表面有网纹。

幼虫：老熟幼虫体长约为 33 mm，体黑色。前胸背板黄色，其上有 5 个黑斑。体背有蓝白色线纹。

蛹：棕色。

◎生活习性

1 年 4 代，以老熟幼虫在被害寄主下松土层中化蛹越冬。3 月底成虫出现，5 月上中旬第 1 代幼虫及 7 月上中旬第 2 代幼虫危害最重，常将丝绵木、大叶黄杨啃成秃枝，甚至造成整株死亡。成虫有一定的趋光性，多在叶背成块产卵，排列整齐。初孵幼虫常群集危害，啃食叶肉，3 龄后食成缺刻。第 3 代、第 4 代幼虫在 10 月下旬及 11 月中旬吐丝下垂，入土化蛹越冬。

3.2.5.3 春尺蠖 *Apocheima cinerarius*

◎危害

春尺蠖危害沙枣、杨、柳、榆、槐、苹果、梨等。以幼虫危害树木幼芽、幼叶、花蕾，危害严重时树叶被全部吃光。此虫发生期早，幼虫发育快，食量大，常暴食成灾，轻则影响寄主生长，重则枝梢干枯，树势衰弱，导致蛀干害虫猖獗发生，引起林木大面积死亡。

◎识别特征

体色差异大，淡黄色至深黑色。雌雄异型。

成虫：雄虫翅展开 28～37 mm，灰褐色，触角羽状，前翅灰褐色至黑褐色，有 3 条褐色波状横线，中间 1 条弱。雌虫无翅，体长 7～19 mm，触角丝状，灰褐色，腹部各节背面有成排的黑刺列。

幼虫：老熟幼虫体长 22～40 mm，灰褐色。腹部第二节两侧各有 1 瘤状突起，腹线白色，气门线淡黄色。

◎生活习性

1 年 1 代，以蛹在树冠下周围土中越夏、越冬。雄虫有趋光性，卵块产于皮缝、枝杈处，幼虫 5 龄。耐饥性强，可吐丝飘移。化蛹入土 1～60 cm，0～16 cm 处占 65%。

◎尺蛾类的防治措施

（1）人工捕杀

以蛹越冬，可人工挖蛹、采摘卵块，利用成虫飞翔力不强，在寄主干部潜伏的特点捕杀成虫。

（2）灯诱诱杀

灯光诱杀成虫。

（3）阻隔

利用幼虫下树化蛹越冬及成虫羽化上树的习性，涂毒环阻杀，或干部绑草，或用塑料薄膜诱集成虫产卵和幼虫，集中杀灭。

（4）药剂防治

应抓住第 1 代、第 2 代的防治，降低虫口基数。幼虫期药剂防治应在 3 龄分散之前，喷洒质量分数为 5% 的高效氯氰菊酯乳油 1 000 倍液、质量分数为 25% 的灭幼脲 3 号悬浮剂 1 500 倍液，或质量分数为 50% 的辛硫磷乳油 1 000 倍液进行防治。

（5）生物防治

每亩（1 亩 ≈ 666.7 m²）用核型多角体病毒可湿性粉剂 100 g 兑水 50 kg，于第 1 代幼虫 1~2 龄高峰期喷雾，或用 Bt 乳剂 300~500 倍液喷雾。

3.2.6 枯叶蛾类

3.2.6.1 黄褐天幕毛虫 *Malacosoma neustria testacea*

◎危害

黄褐天幕毛虫食性杂，取食多种植物，如梨、苹果、海棠、桃、李、杏、杨、柳、榆等。

◎识别特征

成虫：雄虫体翅黄褐色，前翅中央具褐色宽带，缘毛褐色和灰白色相间。雌虫体翅褐色。

幼虫：头部灰蓝色，胴部有 12 条橙色、黄色、白色、黑色相间纵条纹。

◎生活习性

1 年 1 代，以完成胚胎发育的幼虫在卵内越冬。幼龄幼虫群集危害，结大的网幕，白天群集潜伏于网幕内，夜晚取食。老熟幼虫下树结茧化蛹。卵块产在当年小枝梢部，顶针状。

3.2.6.2 油松毛虫 *Dendrolimus tabulaeformis*

◎危害

油松毛虫是油松的毁灭性食叶害虫，也危害樟子松，该虫主要以幼虫取食针叶，危害严重时能将松针吃光，影响林木生长，连年受害时能使松树枯死。

◎识别特征

成虫：体长 23～38 mm，淡灰色或深褐色，前翅有 3 条白色波状横纹，中室有一小白点，外缘横纹由 9 个浓色大斑组成。

卵：长 1.7 mm，宽 1.2 mm。椭圆形，粉红色。

幼虫：老熟幼虫体长 55～72 mm，灰黑色，上面密生灰白色长毛，背面被有灰白色或棕黄色纺锤形贴体的倒状鳞片，

胸部背面有两条深蓝色毛带，腹部各节背面各有一对蓝色片状毛束。

蛹：栗褐色或棕褐色，外被一灰褐色茧，茧外有成束褐色短毒毛。

◎生活习性

1 年 1 代，以 3～4 龄幼虫在树干基部的树皮缝内或周围的杂草、石块和枯枝落叶层下群集过冬。3 月下旬幼虫上树危害，5～6 月危害最重，6 月中下旬幼虫老熟，在油松树枝叶上及杂草、灌木丛中结茧化蛹。7 月上旬成虫开始出现并产卵。成虫有趋光性。卵期 8 d 左右，幼虫在针叶上群集危害，稍大后分散危害，10 月下旬开始下树越冬。

◎枯叶蛾类的防治措施

（1）林业技术

可结合修剪消灭越冬虫源。

（2）物理防治

人工摘除卵块或孵化后尚群集的初龄幼虫及蛹茧。

（3）药剂防治

虫害发生严重时，可喷洒质量分数为 2.5% 的溴氰菊酯乳油 3 000 ~ 5 000 倍液、质量分数为 25% 的灭幼脲 3 号 1 000 倍液等喷雾防治。

3.2.7 夜蛾类

3.2.7.1 斜纹夜蛾 *Spodoptera litura*

◎危害

斜纹夜蛾食性杂，已知的寄主植物已达 290 余种。危害菊花、牡丹、月季、木芙蓉、扶桑、绣球等观赏植物。以幼虫取食叶片、花蕾及花瓣，近年来对草坪的危害特别严重。

◎识别特征

成虫：体长 14 ~ 20 mm，翅展开 35 ~ 46 mm，体暗褐色，胸部背面有白色丛毛，前翅灰褐色，花纹多，内横线和外横线白色，呈波浪状，中间有明显的白色斜阔带纹，所以称斜纹夜蛾。

卵：扁平的半球状，初产黄白色，后变为暗灰色，块状黏合在一起，上覆黄褐色绒毛。

幼虫：老熟幼虫体长 38 ~ 51 mm，夏、秋虫口密度大时体瘦，黑褐色或暗褐色；冬、春数量少时体肥，淡黄绿色或淡灰绿色。

◎生活习性

1 年 3 ~ 4 代，以蛹在土中越冬。翌年 3 月羽化，成虫对糖、酒、醋等发酵物有很强的趋性。卵产于叶背。初孵幼虫有群集习性，2 ~ 3 龄时分散危害，4 龄后进入暴食期。幼虫有假死性，3 龄以后表现更为显著。幼虫白天栖居阴暗处，傍晚出来取食，老熟后即入土化蛹。此虫世代重叠明显，每年 7～10 月为盛发期。

斜纹夜蛾是一种间歇性大发生的害虫，属于喜温性害虫，发育适宜温度为 28～30 ℃，不耐低温，长时间在 0 ℃以下基本不能存活。

3.2.7.2　黏虫 *Mythimna separata*

◎危害

黏虫是一种暴食性害虫，大量发生时常把叶片吃光，甚至整片地吃成光秃，近年来对草坪的危害日趋严重。

◎识别特征

成虫：体长 15～17 mm，体灰褐色至暗褐色；前翅灰褐色或黄褐色；环形斑与肾形斑均为黄色，在肾形斑下方有 1 个小白点，其两侧各有 1 个小黑点；后翅基部淡褐色并向端部逐渐加深。

卵：馒头形，长 0.5 mm。

幼虫：老熟幼虫体长约 38 mm，圆筒形，体色多变，黄褐色至黑褐色，头部淡黄褐色，有"八"字形黑褐色纹，胸腹部背面有 5 条白色、灰色、红色、褐色的纵纹。

蛹：红褐色，体长 19～23 mm。

◎生活习性

1 年多代，从东北的 2～3 代至华南的 7～8 代，并有随季风进行长距离南北迁飞的习性。成虫昼伏夜出，有较强的趋化性和趋光性。幼虫共 6 龄，1～2 龄幼虫白天潜藏在植物心叶及叶鞘中，高龄幼虫白天潜伏于表土层或植物茎基处，夜间出来取食植物叶片。

◎夜蛾类的防治措施

（1）人工捕捉

清除园内杂草或于清晨在草丛中捕杀幼虫。人工摘除卵块、初孵幼虫或蛹。

（2）诱杀

灯光诱杀成虫，或利用趋化性用糖醋液诱杀，糖∶酒∶水∶醋（体积比为2∶1∶2∶2）＋少量敌百虫诱杀成虫。

（3）药剂防治

幼虫期喷 Bt 乳剂 500～800 倍液、质量分数为 2.5% 的溴氰菊酯乳油、10% 的氯氰菊酯乳油、质量分数为 2.5% 的功夫乳油 2 000～3 000 倍液、质量分数为 5% 的定虫隆乳油 1 000～2 000 倍液、质量分数为 20% 的灭幼脲 3 号胶悬剂 1 000 倍液等。

3.2.8　灯蛾类

美国白蛾 *Hyphantria cunea*

◎危害

美国白蛾又名美国白灯蛾、秋幕毛虫，是一种世界性的检疫害虫。美国白蛾食性极杂，可危害 100 多种植物，如桑、榆树类、杨树类、柳树类、泡桐、五角枫、糖槭、樱花、白蜡、臭椿、核桃、连翘、丁香、爬山虎、五叶地锦、桃、苹果和梨等。

◎识别特征

成虫：体长 9～12 mm，纯白色。多数雄蛾前翅散生几个黑色或褐色斑点，触角双栉齿状。雌蛾无斑点，触角为锯齿状。

成虫外形易与星白灯蛾、柳毒蛾混淆。

卵：圆球形，黄绿色，表面有刻纹。

幼虫：老熟幼虫体长 28～35 mm，头黑色具光泽，腹部背面具 1 条灰褐色的宽纵带。背部毛瘤黑色，体侧毛瘤多为橙黄色，毛瘤上生白色长毛丛。

蛹：深褐色至黑褐色。

◎生活习性

1 年 2～3 代，以茧内蛹在杂草丛、落叶层、砖缝及表土中越冬。成虫有趋光性，卵产在树冠外围叶片上，呈块状，每块有卵数百粒不等，卵表面有白色鳞毛，卵期为 11 d 左右。幼虫共 7 龄，5 龄后进入暴食期。初孵幼虫群集危害，并吐丝结网缀叶 1～3 片，随着虫龄增长，食量加大，更多的新叶片被包进网幕中，使网幕增大，犹如一层白纱笼罩。大龄幼虫可耐饥饿 15 d，这有利于幼虫随运输工具传播扩散。3 代幼虫发生在 5～11 月，以 8 月份危害最严重。

◎灯蛾类的防治措施

（1）加强检疫

疫区苗木未经过处理严禁外运，疫区内积极防治，并加强对外检疫。

（2）人工捕捉

摘除卵块和群集危害的有虫叶。

（3）冬季杀蛹

冬季换茬耕翻土壤，消灭越冬蛹，或在老熟幼虫转移时，在树干周围束草，诱集化蛹，然后解下诱草烧毁。

（4）灯诱成虫

成虫羽化盛期利用黑光灯诱杀成虫。

（5）生物防治

保护和利用寄生性或捕食性天敌，如利用白蛾周氏啮小蜂、苏云金杆菌、核型多角体病毒制剂喷雾防治。

（6）化学防治

喷施质量分数为 50% 的辛硫磷乳油 1 000 倍液或质量分数为 20% 的速灭菊酯乳油 3 000 倍液。

3.2.9 螟蛾类

黄杨绢野螟 *Diaphania perspectalis*

◎危害

黄杨绢野螟幼虫危害小叶黄杨、大叶黄杨、冬青和卫矛等。此虫具有突发性，轻者影响正常生长，重者叶枯脱落，造成光秃枝，致整株死亡。

◎识别特征

成虫：体长 14 ~ 19 mm，翅展开 33 ~ 45 mm；头部暗褐色，头顶触角间的鳞毛白色；触角褐色；胸、腹部浅褐色，胸部有棕色鳞片，腹部末端深褐色；翅白色半透明，有紫色闪光，前翅前缘褐色，外缘与后缘均有 1 褐色带，后翅外缘边缘黑色或褐色。

幼虫：体长 42 ~ 60 mm，头宽 3.7 ~ 4.5 mm；初孵时虫体乳白色，化蛹前头部黑褐色，胴部黄绿色，表面有具光泽的毛瘤及稀疏毛刺，前胸背面具较大黑斑，三角形，2 块；背线绿色，亚被线及气门上线黑褐色，气门线淡黄绿色，基线及腹线淡青灰色；胸足深黄色，腹足淡黄绿色。

◎生活习性

1 年 3 代，以幼虫在缀叶中越冬。翌年 3 月中旬至 4 月上

旬越冬幼虫活动危害，5月上旬为盛期，5 月中旬在缀叶中化蛹，蛹期 9 d 左右。成虫有弱趋光性，昼伏夜出，雌蛾将卵产在叶背面，卵期约 7 d。第 1 代在 5 月上旬至 6

月上旬，第 2 代在 7 月上旬至 8 月上旬，第 3 代在 7 月下旬至 9 月下旬，以第 2 代幼虫发生普遍，危害严重。若防治不及时，叶片会被蚕食光，植株变黄枯萎。9 月下旬幼虫结网缀叶做苞，在包内结薄茧越冬。

◎螟蛾类的防治措施

（1）消灭越冬虫源

可秋季清理枯枝落叶及杂草，并集中烧毁。

（2）人工捕捉

在幼虫危害期可人工摘虫包。

（3）化学防治

发生面积大时于初龄幼虫期喷质量分数为 50% 的辛硫磷乳油 1 000 倍液、敌敌畏 1 份 + 灭幼脲 3 号 1 份 1 000 倍液、质量分数为 10% 的氯氰菊酯乳油 2 000 ~ 3 000 倍液。

（4）生物防治

卵期释放赤眼蜂，幼虫期施用白僵菌等。

3.2.10 天蛾类

3.2.10.1 霜天蛾 *Psilogramma menephron*

◎危害

霜天蛾危害青桐、丁香、女贞、泡桐、白蜡、苦楝、楸等林业花木，以幼虫食叶。

◎识别特征

成虫：体长 45 ~ 50 mm，体翅灰白色至暗灰色。胸部背面有由灰黑色鳞片组成的圆圈。前翅上有黑灰色斑纹，顶角有 1 个半圆形黑色斑纹，中室下方有两条黑色纵纹，后翅灰白色。

卵：球形，淡黄色。

幼虫：老熟幼虫体长 75 ~ 96 mm，有两种体色：一种是绿色，腹部 1 ~ 8 节两侧有一条白斜纹，斜纹上缘紫色，尾角绿色；另一种也是绿色，上有褐色斑块，尾角褐色，上生短刺。

蛹：体长 50 ~ 60 mm，红褐色。

◎生活习性

1年1~3代，以蛹在土中越冬，翌年4月下旬至5月份羽化，6~7月份危害最烈。10月底幼虫老熟入土化蛹越冬。成虫白天隐藏，夜间活动，有趋光性，卵多散产于叶背。幼虫孵化后先啃食叶表皮，随后蚕食叶片，咬成大的缺刻和孔洞，甚至将全叶食光，树下有大量的碎叶和深绿色大粒虫粪。

3.2.10.2　桃天蛾 *Marumba gaschkewitschii*

◎危害

桃天蛾的主要寄主为桃、苹果、梨、杏、海棠、葡萄等，以幼虫啃食叶片，发生严重时，常逐枝吃光叶片，甚至全树叶片被食殆尽，严重影响果树产量和树势。

◎识别特征

成虫：体长36~46 mm，体肥大，深褐色，头细小，复眼紫黑色。前翅狭长，灰褐色，有数条较宽的深浅不同的褐色横带，在后缘臀角处有一紫黑色斑纹。后翅近三角形，枯黄色至粉红色，翅脉褐色，臀角处有2个紫黑色斑纹。

卵：扁圆形，绿色透明。

幼虫：老熟幼虫体长80 mm，黄绿色，头部呈三角形，体上附生黄白色颗粒，第四节后每节气门上方有黄色斜条纹，有1尾角。

蛹：长45 mm，纺锤形，黑褐色，尾端有短刺。

◎生活习性

1年2代，以蛹在地下5~10 cm

深处的蛹室中越冬，越冬代成虫于 5 月中旬出现，白天静伏不动，傍晚活动，有趋光性。卵产于树枝阴暗处、树干裂缝内或叶片上，散产。每雌蛾产卵量为 170 ~ 500 粒。卵期约 7 d。第 1 代幼虫在 5 月下旬至 6 月发生危害。6 月下旬幼虫老熟后入地作穴化蛹，7 月上旬出现第 1 代成虫，7 月下旬至 8 月上旬第 2 代幼虫开始危害，9 月上旬幼虫老熟，入地 4 ~ 7 cm 作穴（土茧）化蛹越冬。

3.2.10.3　蓝目天蛾 *Smerinthus planus*

◎危害

蓝目天蛾的寄主有杨、柳、梅花、桃花、樱花等多种绿地植物。低龄幼虫食叶成缺刻或孔洞，稍大幼虫常将叶片食光，残留叶柄，发生严重时，常将整枝或整株的叶片吃光。

◎识别特征

成虫：体梭形，体长 30 ~ 35 mm，翅展开 80 ~ 90 mm。体翅灰黄色至淡褐色。胸部背面中央有一个深褐色大斑。前翅狭长，中央有上下两块暗褐色斑，上方斑较大，后翅淡黄褐色，中央紫红色，有一个深蓝色的大圆眼状斑，斑外有一个黑色圈，最外围蓝黑色，蓝目斑上方为粉红色。后翅反面眼状斑不明显。

卵：椭圆形，长径约 1.8 mm。初产时鲜绿色，有光泽，后为黄绿色。

幼虫：老熟幼虫体长 70 ~ 80 mm，头较小，宽 4.5 ~ 5.0 mm，黄绿色，近三角形，两侧淡黄色，胸部青绿色，前胸有 6 个横排的颗粒状突起，腹部偏黄绿色，第一至第八腹节两侧有白色或淡黄色斜纹 7 条，最后一条斜纹直达尾角。

蛹：纺锤形，长 40 ~ 43 mm。初化蛹暗红色，后为暗褐色。

◎生活习性

1 年 2 代，以蛹在土中越冬。5 ~ 6 月成虫羽化，交尾产卵，卵期约 20 d，第 1 代幼虫 6 月发生，7 月老熟入土化蛹，蛹期20 d 左右，7 月下旬至 8 月下旬成虫羽化；第 2 代幼虫 8 月开始发生，9 月老熟幼虫入土化蛹越冬。成虫昼伏夜出，具趋光性，雌蛾一生仅交尾一次，均在夜间产卵，卵多产于叶背，每雌蛾可产卵 300 ~ 400 粒。低龄幼虫分散在较嫩叶片上取食，吃成缺刻，进入 4 龄后幼虫食量骤增，以 5 龄幼虫食量最大，且数量相对集中，常将整枝甚至全树叶片食光，仅留枝干。幼虫昼夜均可取食，以夜间食量更大，被害植株的地面可见散落的黑褐色粪粒。随着气温下降树叶枯黄，9 月下旬幼虫开始沿枝干往下爬行，寻找适宜场所入土作室化蛹越冬。

◎天蛾类的防治措施

（1）人工捕捉

结合耕翻土壤，人工挖蛹。根据树下虫粪分布情况寻找幼虫进行捕杀。

（2）灯光诱杀

利用新型高压灯或黑光灯诱杀成虫。

（3）药剂防治

虫口密度大、危害严重时，喷洒 Bt 乳剂 500 倍液、质量分数为 2.5% 的溴氰菊酯乳油 2 000 ~ 3 000 倍液、质量分数为10% 的多来宝乳油 1 000 倍液、质量分数为 50% 的辛硫磷乳油 2 000 倍液。

3.2.11 蝶类

3.2.11.1 山楂绢粉蝶 *Aporia crataegi*

◎危害

山楂绢粉蝶危害山楂、桃、苹果等果树及一些林木，幼虫咬食芽、叶和花蕾，初孵幼虫于树冠上吐丝结网成巢，群集其中危害。幼虫长大后分散危害，严重时将叶片食光。

◎识别特征

成虫：翅展开 64 ~ 76 mm。体黑色。头、胸及各足的腿节杂有白色细毛。翅白色，雌虫翅带灰白色，翅脉黑色；前翅

外缘除臀脉外各脉末端均有1个烟黑色三角形斑纹。

幼虫：老熟幼虫体长40 mm，略呈圆筒形。头黑色，疏生白色长毛及较多的黑色短毛。胸部背面紫黑色，亚背线有由黄斑串联而成的纵纹；两侧灰白色，腹面紫灰色。虫体各节有许多小黑点，并疏生白色长毛，气门黑色。

◎生活习性

1年1代，以3龄幼虫在树上虫巢内群集越冬，次年4月中旬出蛰。5月下旬出现成虫，6月中旬卵开始孵化，7月中、下旬以3龄幼虫越冬。成虫白天活动，集中于十字花科蔬菜等花上觅食。

3.2.11.2　花椒黄凤蝶 *Papilio xuthus*

◎危害

花椒黄凤蝶的寄主有柑橘、枸橘、黄檗、花椒、佛手等。以幼虫食芽、叶，初龄幼虫食成缺刻与孔洞，稍大幼虫常将叶片食光，只残留叶柄。苗木和幼树受害较重。

◎识别特征

成虫：有春型和夏型两种。春型较小，夏型个体大而色深。体淡黄色，具黑色花纹。体背中央有黑色纵带，两侧黄白色。前翅黄绿色或黄色，外缘具黑色宽带，带中央有不明显的紫斑。中室有4条黑色纵纹，其外侧具2～4条黑色横带，后翅有与前翅相似的斑纹，臀角有1橘红色圆斑，其中央有1小黑点。

幼虫：幼虫体黑褐色，有白色斜带纹，似鸟粪，体上肉刺突起较多。成长幼虫黄绿色，后胸背面两侧具蛇眼斑。后胸和第一腹节间有蓝黑色带状斑，腹部第 4 节和第 5 节两侧各有 1 条蓝黑色斜纹分别延伸至第 5 节、第 6 节背面相交。臭丫腺橙黄色。

卵：扁圆形，高约 1 mm，宽大于 1 mm，光滑有光泽。初产时黄色，后变紫灰色。

蛹：体长约 30 mm。身体淡绿色稍呈暗褐色，头部两侧各有 1 个显著的突起。

◎生活习性

1 年 3 代，以蛹越冬。越冬代成虫于 5 月、6 月出现，第 1 代成虫 7 月、8 月出现，第 2 代成虫 9 月、10 月出现，但羽化时不够整齐。成虫主要发生期为 3～11 月。卵产在嫩芽、嫩叶背面，卵散产，一处 1 粒，卵期 6～8 d，幼虫孵出后先吃去卵壳，再取食嫩叶，被害处呈锯齿状，3 龄后幼虫嫩叶被吃光，老叶片仅留主脉。9～10 月老熟幼虫在叶背、枝干等隐蔽处吐丝固定尾部，再吐一条细丝将身体挂在树干上化蛹越冬。

◎蝶类的防治措施

（1）人工捕捉

剪除越冬虫卵或振落捕杀老龄幼虫。清晨在菜花上捕杀成虫。人工摘卵。

（2）化学防治

在早春越冬幼虫出蛰期和当年幼虫孵化盛期喷洒质量分数为 2.5% 溴氰菊酯乳油 2 000 倍液、Bt 乳剂 800 倍液等。

（3）生物防治

保护利用自然条件下的天敌。

3.2.12 叶甲类

3.2.12.1 榆蓝叶甲 *Pyrrhalta aenescens*

◎危害

榆蓝叶甲危害榆树。成虫和幼虫均危害榆树，受害榆树的叶片被食成网眼状。严重时，整个树冠一片枯黄。若未及时防治，可将树叶食光，迫使树体二次发芽。

◎识别特征

成虫：近长方形，黄褐色，鞘翅绿色，带蓝色反光，头顶有 1 钝三角形黑纹，前胸背板中央有 1 倒葫芦形黑纹，两侧各有一卵形黑纹。

卵：黄色。

幼虫：深黄色，体上多漆黑色毛瘤。

蛹：深黄色，背面多黑褐色刚毛。

◎生活习性

1 年 2～3 代，以成虫在屋檐、墙缝土内、杂草间越冬。次年 4 月上旬越冬代成虫开始啃食芽叶；4 月下旬开始在叶上产卵；5 月上旬幼虫开始危害；6 月上旬老熟幼虫群集在榆树枝干伤疤等处化蛹；7 月上旬成虫羽化，进入第一次危害高峰期，并大量飞入公共场所和居民家中。羽化较早的成虫可继续产卵繁殖，8 月末第 2 代幼虫群集化蛹，9 月末进入第二次成虫危害高峰期，严重发生时，可将榆树叶片全部食光。

3.2.12.2 白杨叶甲 *Chrysomela populi*

◎危害

白杨叶甲危害杨树、柳树，以幼虫和成虫蚕食叶片。

◎识别特征

成虫：长 10～15 mm，头蓝黑色，前胸背板蓝紫色，有金属光泽，小盾片蓝黑色。鞘翅棕红色，密布刻点。

卵：黄色。

幼虫：头蓝黑色，体橘黄色，体背有黑点 2 列，体侧具黑色瘤状突起。

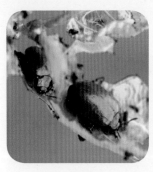

◎生活习性

1年1~2代，以成虫在枯落物、表土层越冬。翌年4~5月间寄主发芽后成虫开始活动，取食进行补充营养并产卵。幼虫危害到6月上旬化蛹，6月中旬羽化为成虫；8~9月出现第2代成虫，10月以后下树越冬。成虫产卵于叶背或嫩枝叶柄处，竖立排列成块。卵期4~6 d。幼虫4龄，1~2龄群集危害，被害叶呈网状；3龄后分散危害，蚕食叶缘呈缺刻状，严重时可食尽叶片，仅剩叶脉。幼虫遇惊扰后，体内放出乳白色有恶臭味的黏液自卫。老熟幼虫以尾端黏附于叶背或小枝上悬垂化蛹。蛹期5~8 d。成虫有假死性，受惊即坠地。

3.2.12.3　葡萄十星叶甲 *Oides decempunctata*

◎危害

葡萄十星叶甲成虫、幼虫均取食葡萄、地锦叶片，严重时可全部食光。

◎识别特征

成虫：体长12 mm左右，土黄色，椭圆形。头小，常隐于前胸下。触角淡黄色，末端4或5节为黑褐色。前胸背板有许多小刻点。两鞘翅上共有黑色圆形斑10个。

◎生活习性

1年1代。以卵在根际附近土中和落叶下越冬。5月下旬卵孵化，幼虫白天隐蔽，早晚取食，有假死性。成虫 7 月羽化，亦有假死性，成虫产卵于土面，寿命 60～100 d。

◎叶甲类的防治措施

（1）捕杀

人工摘除卵块，早春越冬成虫上树时，树干涂环阻杀或振落捕杀。幼虫群集于树干上化蛹时，集中烧毁；振落成虫。

（2）保护利用天敌

捕食性天敌如猎蝽、蜘蛛、胡蜂、螳螂；寄生蜂如大腿小蜂。

（3）化学防治

质量分数为 80% 的敌敌畏乳油 1 000 倍液、质量分数为 50% 的杀螟松 1 000～1 500 倍液对成虫和幼虫均有效。

3.2.13　金龟子类

金龟子类属于鞘翅目、金龟甲科，种类很多。成虫主要啃食各种植物叶片形成孔洞缺刻或秃枝。幼虫危害多种植物的根茎及球茎。腐食性的种类则以腐烂有机物为食。危害较重的有小青花金龟、铜绿丽金龟、苹毛丽金龟、黑绒金龟子等。

3.2.13.1　小青花金龟 *Oxycetonia jucunda*

◎危害

小青花金龟主要寄主植物有榆、槐、杨、柳、苹果、桃、梅、梨、海棠、玫瑰、月季、葡萄、美人蕉、大丽花、鸡冠花等。主要以成虫危害多种植物的花蕾和花，严重危害时，常群集在花序上，将花瓣、雄蕊和雌蕊食光。

◎识别特征

成虫：体长 13～17 mm，暗绿色或赤铜色，头部黑色，体、翅上密被黄色绒毛，鞘翅上多黄白色斑，腹部两侧各有 6 个黄白色斑，腹末有 4 个黄白色斑，足黑褐色。

幼虫：乳白色，肛腹板上有 2 行纵向刺毛。

卵：白色，裸蛹。

◎生活习性

1 年 1 代，以成虫在土中越冬。4～5 月成虫开始活动，白天取食，日落后土中潜伏，产卵于腐殖质多的土壤或枯落层下，6～7 月幼虫出现。

3.2.13.2 铜绿丽金龟 *Anomala corpulenta*

◎危害

铜绿丽金龟危害苹果、沙果、花红、海棠、杜梨、梨、桃、杏、樱桃、核桃、板栗、栎、杨、柳、榆、槐、柏、松、杉等多种植物。

◎识别特征

成虫：体长 15～19 mm，体翅铜绿色，腹面黄褐色，额和前胸背板两侧边缘黄色，鞘翅上有 3 条纵隆线。

幼虫：头黄褐色，体乳白色，腹末有钩状毛，中间有 2 刺毛列彼此相遇和交叉。

◎生活习性

1 年 1 代，以幼虫在土中越冬，6～7 月出现成虫，成虫夜间取食，具有趋光性，假死性强。

3.2.13.3 苹毛丽金龟 *Proagopertha lucidula*

◎危害

苹毛丽金龟食性杂，寄主主要有苹果、梨、桃、樱桃、李、杏、海棠、葡萄、杨、柳、桑等。以成虫危害花蕾、花芽、嫩叶等，危害严重时叶片被食光。幼虫为地下害虫，还可危害幼根。

◎识别特征

成虫：体长约 10 mm。全体除鞘翅和小盾片光滑无毛外，皆密被黄白色细绒毛。头、胸背面紫铜色。鞘翅茶褐色，半透明，有光泽。鞘翅上有纵列成行的细小刻点。腹部两侧生有明显的黄白色毛，腹部半露于鞘翅外。

◎生活习性

1 年 1 代，以成虫在土中越冬，越冬后于 4 月上旬出土危害花蕾。苹果谢花后 5 月中旬成虫停止活动。成虫取食危害期 1 周左右，4 月下旬为产卵盛期，卵期 27～31 d。5 月底至 6 月上旬为卵孵化盛期。幼虫 3 龄，于 8 月中下旬化蛹，9 月中旬为羽化盛期。成虫不出土即越冬。成虫白天活动，中午最盛，有假死性及趋光性。

3.2.13.4　黑绒金龟子 *Maladera orientalis*

◎危害

黑绒金龟子危害苹果、梨、山楂、桃、杏、枣等 149 种植物。成虫取食嫩芽、新叶和花朵，尤其对苗圃中的幼苗、幼树危害甚大，有时会全部食光。

◎识别特征

成虫：体长 7～10 mm，体黑褐色，被灰黑色短绒毛。

卵：椭圆形，长径约 1 mm，乳白色，有光泽，孵化前色泽变暗。

幼虫：老熟幼虫体长约 16 mm，头部黄褐色，胴部乳白色，多皱褶，被有黄褐色细毛，肛腹片上约有 28 根刺，横向排列成单行弧状。

◎生活习性

1年1代,以成虫越冬,4月中旬至6月初大量出土活动,进行取食危害。6月份为产卵时期。6月至9月为幼虫活动期,成虫傍晚开始活动,成虫趋光性强,有假死性。

◎金龟子的防治措施

（1）农业防治

冬、春季结合清园对果树行间进行耕翻,以消除大部分幼虫;追施的农家肥要充分腐熟,以减少蛴螬来源。

（2）人工防治

依据一些品种具有假死性的特点,于黄昏在树盘下铺一块塑料布或放置水盆,摇摆树枝,然后迅速将振落在塑料布上的金龟子收集起来,扑杀或喂鸡。

（3）物理防治

灯光诱杀。铜绿丽金龟、暗黑鳃金龟、黑绒金龟子等有较强的趋光性,安装黑光灯或60 W灯泡,诱杀作用显著。用黑绿单管双光灯,对金龟子的诱杀时比黑光灯可进步10%左右。

果醋液诱杀。使用白星金龟子喜爱果醋液的特性诱杀。果醋液的配置办法:落果1份、食醋1份、食糖1.5～2.0份、水0.5份,将果实切碎,与醋、糖、水混合加热煮成粥状,装入广口瓶中（半瓶较好）,然后再加入半瓶500倍的敌敌畏液,混合均匀。在白星金龟子成虫发作盛期,每距离20～30 m挂1瓶果醋液,挂瓶高度为1.2～1.5 m。瓶要接近枝干,以便成虫飞落进去。每天早晨铲除白星金龟子死虫。

（4）药剂防治

把握两个时期:一是在成虫出土后几天,即4月上中旬,此刻成虫不飞翔,可用高效氯氟氰菊酯类产品喷洒地上进行杀虫,或在浇萌发水时,随水喷施农药,消除土壤中的害虫;二是成虫发作盛期,于每晚黄昏对树冠喷雾,可选用高效氯氟氰菊酯等产品。

3.3 钻蛀害虫

钻蛀害虫主要包括天牛、小蠹虫、吉丁虫、象甲、木蠹蛾、透翅蛾等蛀干类害虫和桃小食心虫、桃蛀螟等蛀果类害虫。

钻蛀害虫的发生特点：

（1）生活隐蔽。除成虫裸露生活外，其他各虫态均在韧皮部、木质部隐蔽生活。害虫危害初期不易被发现，一旦出现明显被害征兆，则已失去防治有利时机。

（2）虫口稳定。枝干害虫大多生活在植物组织内部，受环境条件影响小，天敌少，虫口密度相对稳定。

（3）危害严重。枝干害虫蛀食韧皮部、木质部等，影响输导系统传递养分、水分，导致树势衰弱或死亡，一旦受侵害后，植株很难恢复生机。

3.3.1 螟蛾类

3.3.1.1 松梢螟 *Dioryctria splendidella*

◎危害

松梢螟危害油松、白皮松、华山松、樟子松、雪松、云杉等。幼虫蛀食松梢，引起侧梢丛生。

◎识别特征

成虫：体长 10 ~ 16 mm，灰褐色。前翅灰褐色，有 3 条灰白色横线，中室有 1 灰白色肾形纹。后翅灰白色，足黑褐色。

幼虫：共 5 龄，体淡褐色。中后胸和腹部各节有 4 对褐色毛片。腹部各节背面 2 对毛片小，侧面的 2 毛片大。

◎生活习性

1 年 2 代，以幼虫在被害枯梢及球果中越冬。成虫有趋光和补充营养的习性。卵产于被害叶凹槽或伤口处。2 龄幼虫吐丝下垂，危害新梢。3龄幼虫约47%转移危害另一新梢。郁闭度小、生长不良的4～9年生幼林危害重。

3.3.1.2 楸螟 *Ornphisa plagialis*

◎危害

楸螟危害楸树、梓树。幼虫钻蛀嫩梢、枝干及荚果，尤以幼树和苗木危害重。被害处形成瘤状虫瘿。

◎识别特征

成虫：体长15 mm，体灰白色。翅白色，翅上有多条黑褐色横线，基横线双线，中室内端和外端各有1黑褐色斑点，中室下方有1近方形的黑褐色大斑。

幼虫：老熟幼虫体长22 mm左右，灰白色，前胸背板黑褐色，分为2块，体节上有赭黑色毛片。

◎生活习性

1年2代，以老熟幼虫在枝梢内或苗木中下部越冬。成虫有趋光性，卵产于嫩枝叶芽或叶柄基部。幼虫孵化后从距梢5～10 cm处蛀入，把髓心及木质部蛀空，形成椭圆形或长圆形虫瘿，严重时虫瘿与虫瘿相连。

◎螟蛾类的防治措施

（1）林业措施

做好幼林抚育，使幼林提早郁闭；加强管理，避免乱砍滥伐、禁牧，修枝留桩短、切口平，减少枝干伤口，防止成虫在伤口处产卵；在越冬幼虫出蛰前剪除被害梢果。为防止苗木传带，尽量截干栽植，将带虫苗干烧毁。

（2）灯诱

利用成虫趋光性在成虫盛发期设置黑光灯诱集。

（3）生物防治

虫口密度低时可放长距姬蜂防治幼虫。成虫产卵期释放赤眼蜂。8~9月啄木鸟营巢季节在4 m高以上的大树上挂人工巢箱招引啄木鸟等益鸟。

（4）用药防治

用质量分数为85%~90%的敌敌畏乳油30~80倍液喷被害梢防治松梢螟。

3.3.2 木蠹蛾类

木蠹蛾属于鳞翅目木蠹蛾科，以幼虫蠹木，是危害阔叶树种主干或根部的主要害虫。危害严重的主要有榆木蠹蛾、咖啡木蠹蛾等。

3.3.2.1 榆木蠹蛾 *Holcocerus vicarius*

◎危害

榆木蠹蛾主要危害白榆，其次是刺槐、柳树、杨树、丁香、银杏、稠李、苹果、花椒、金银花等。幼虫在根茎、根及枝干的皮层和木质部内蛀食，形成不规则的隧道，削弱树势，重者枯死。

◎识别特征

成虫：体粗壮，灰褐色，雌虫体长25~40 mm，翅展开68~87 mm；雄虫体长23~34 mm，翅展开52~68 mm。雌、雄触角均为线状，前翅灰褐色，翅面密布许多黑褐色条纹，亚外缘线黑色、明显，外横线以内中室至前缘处呈黑褐色大斑；后翅浅灰色，翅面无明显条纹，其反面条纹褐色，中部褐色圆斑明显。

幼虫：扁筒形，老熟幼虫体长64~94 mm。胸、腹部背面鲜红色，腹面色稍淡。

卵：卵圆形，1.5~1.7 mm，初产灰白色，渐变为褐色至深褐色，表面布满纵脊行纹。

蛹：棕黑色，长29~48 mm，略向腹面弯曲。

◎生活习性

2年1代，幼虫经过2次越冬，跨越3个年度。以幼虫在土中作薄茧越冬，次年4月上旬，越冬幼虫由茧中爬到表土中作茧化蛹，成虫在6月初至8月上旬羽化并交尾产卵，卵多产于枝、干伤疤及树皮缝处，成块或成堆紧密排列，卵块外无覆被物，卵期13~45 d。6月中下旬为幼虫孵化盛期，初孵幼虫多群集取食卵壳及树皮，2~3龄时分散寻觅伤口及树皮裂缝侵入，在韧皮部及边材危害，发育到5龄时，沿树干爬行到根茎处钻入危害，此后不再转移，故土层上下的根茎部往往被害成蜂窝状。

3.2.2.2　咖啡木蠹蛾 *Neuzera coffeae*

◎危害

咖啡木蠹蛾寄主主要有石榴、梨、苹果、桃、枣等。以幼虫危害树干和枝条，致被害处以上部位黄化枯死，或易受大风折断，严重影响植株生长和产量。

◎识别特征

成虫：灰白色，长15~18 mm，翅展开25~55 mm。胸背面有3对青蓝色斑，腹部白色，有黑色横纹，前翅白色，半透明，布满大小不等的青蓝色斑点，后翅外缘有青蓝色斑8个。

幼虫：老熟幼虫体长30 mm。头部黑褐色，体紫红色或深红色，尾部淡黄色，各节有很多粒状小突起，上有白毛1根。

卵：圆形，淡黄色。

蛹：长椭圆形，红褐色，长14~27 mm，背面有锯齿状横带，尾端具短刺12根。

◎生活习性

1年1~2代。以老熟幼虫在被害部越冬。翌年3月上旬越冬幼虫开始活动取食，5月上旬开始化蛹，蛹期16~30 d，5月下旬羽化，羽化后1~2 d交尾产卵。卵块产于皮缝和孔洞中，数粒成块，卵期10~11 d。5月下旬卵孵化，初孵幼虫群集

卵块上方取食卵壳，2～3 d后爬到枝干上吐丝下垂，随风扩散，自树梢上方的腋芽蛀入，经过5～7 d后又转移危害较粗的枝条，幼虫蛀入时先在皮下横向环蛀一圈，然后钻成横向同心圆形的坑道，沿木质部向上蛀食，每隔5～10 cm向外咬一排粪孔，状如洞箫，被害枝梢上部通常干枯。初孵幼虫粪便为粉末状，黄白色，2龄后幼虫粪便为圆柱形，黄褐色至黑褐色。10月上旬幼虫化蛹越冬。

3.3.3 透翅蛾类

透翅蛾属于鳞翅目透翅蛾科，其显著特征是成虫前翅无鳞片而透明，很像胡蜂，白天活动。以幼虫蛀食茎干、枝条，形成肿瘤，危害林业树木严重的有白杨透翅蛾、葡萄透翅蛾、苹果透翅蛾等。

白杨透翅蛾 *Parathrene tabaniformis*

◎危害

白杨透翅蛾危害杨柳科植物，尤其是毛白杨、银白杨、新疆杨，幼苗、嫩枝受害最重。幼虫蛀害1～2年生寄主的树干、侧枝、顶梢、嫩芽，造成枯萎、秃梢，甚至风吹倒折死亡。

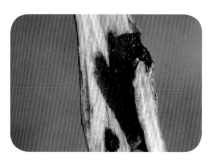

◎识别特征

成虫：体长11～20 mm，头半球形，前翅窄长，褐黑色，中室与后缘略透明，后翅全部透明。腹部青黑色，有5条橙黄色环带。

幼虫：老龄幼虫黄白色。

◎生活习性

多数1年1代，少数1年2代。以幼虫在枝干隧道内越冬。翌年4月初取食危害，成虫羽化盛期在6月中到7月上旬。成虫飞翔力强而迅速，夜间静伏，白天活动。卵多产于叶腋、叶柄、伤口处及有绒毛的幼嫩枝条上。初龄幼虫取食韧皮部，4龄以后蛀入木质部危害。9月底，幼虫停止取食，以木屑将隧道封闭，吐丝作薄茧越冬。

◎透翅蛾类的防治措施

（1）消灭越冬幼虫

可结合修剪将受害严重且藏有幼虫的枝蔓剪除、烧掉。6～7月份经常检查嫩梢，发现有虫粪、肿胀或枯萎的枝条及时剪除。如果被害枝条较多，不宜全部剪除时，可用铁丝从蛀孔处刺入，杀死初龄幼虫。

（2）药剂防治

可从蛀孔处注入质量分数为80%的敌敌畏乳油20～30倍液或用棉球蘸敌敌畏药液塞入孔口内杀死幼虫。可在成虫羽化盛期，喷质量分数为2.5%的溴氰菊酯乳油3 000倍液杀死成虫。

3.3.4 天牛类

天牛属于鞘翅目天牛科，身体多为长形，大小变化很大，触角丝状，常超过体长，复眼肾形，包围于触角基部。幼虫圆筒形，白色或淡黄色，头小，胸部大，胸足极小或无。以幼虫钻蛀植物枝干，轻则树势衰弱影响观赏价值，重则损枝折干，甚至枯死。主要种类有星天牛、光肩星天牛、桑天牛、双条杉天牛、桃红颈天牛、双斑锦天牛、双条合欢天牛等。

3.3.4.1 星天牛 *Anoplophora chinensis*

◎危害

星天牛危害杨、柳、榆、刺槐、悬铃木、樱花、海棠等。以成虫啃食枝干嫩皮，以幼虫钻蛀枝干，破坏输导组织，影响正常生长及观赏价值，严重时被害树易风折枯死。

◎识别特征

成虫：体长20～41 mm，体黑色有光泽。前胸背板两侧有尖锐、粗大的刺突。每鞘翅上有大小不规则的白斑约20个，鞘翅基部有黑色颗粒。

卵：长5~6mm，长椭圆形，黄白色。

幼虫：老熟幼虫体长38~60 mm，乳白色至淡黄色，头部褐色，前胸背板黄褐色，有"凸"字形斑，"凸"字形斑上有2个飞鸟形纹，足略退化。

蛹：纺锤形，长30~38 mm，黄褐色，裸蛹。

◎生活习性

2~3年1代，以幼虫在被害枝干内越冬，翌年3月以后开始活动。成虫5~7月羽化飞出，6月中旬为羽化盛期，成虫咬食枝条上的嫩皮补充营养。卵多产于树干基部和主侧枝下部，以树干基部向上10 cm以内为多。成虫在每刻槽产1粒卵，产卵后分泌胶状物质封口，每雌虫可产卵23~32粒卵。卵期9~15 d，初孵幼虫先取食表皮，1~2个月以后蛀入木质部，11月初开始越冬。

3.3.4.2 光肩星天牛 *Anoplophora glabripennis*

◎危害

光肩星天牛危害杨、柳、榆、槭、刺槐、苦楝等，是目前我国杨柳等最主要害虫之一。幼虫蛀食树干，危害轻的降低木材质量，严重的能引起树木枯梢和风折；成虫咬食树叶或小树枝皮和木质部，能造成毁灭性危害。

◎识别特征

成虫：长筒形，20~35 mm，漆黑有光泽，前胸两侧各有一刺状突起，鞘翅肩部光滑，各有白色毛斑20个左右。

卵：乳白色，长椭圆形。

幼虫：长筒形，乳白色，前胸背板黄白色，后半部有"凸"形黄褐色硬化斑纹。

◎生活习性

2年1代，多以不同龄期的幼虫在树干中越冬。6～7月成虫出现，啃食叶片或嫩皮补充营养，5～7 d即产卵，7月为产卵盛期，卵产在椭圆形刻槽内。刻槽的部位多在3～6 cm粗的树干上，尤其是侧枝集中、分杈很多的部位最多，树越大，刻槽的部位越高。初孵化幼虫先在树皮和木质部之间取食，25～30 d以后开始蛀入木质部；并且向上方蛀食。虫道一般长9 cm，最长的达15 cm。幼虫蛀入木质部以后，还经常回到木质部的外边，取食边材和韧皮部。

3.3.4.3 桑天牛 *Apriona germai*

◎危害

桑天牛危害多种林木、果树，尤以桑、苹果、海棠、毛白杨受害重。幼虫蛀害树干，形成孔道，使树木容易衰老、枯死。

◎识别特征

成虫：体长34～46 mm，体黑色被黄褐色绒毛，前胸有横皱纹和侧刺突，鞘翅基部密布黑色小颗粒。

卵：乳白色。

幼虫：乳白色，圆筒形，前胸背板硬化，有3对尖叶状纹，腹部1～7节背面有步泡突。

◎生活习性

2～3年1代，以幼虫在枝干内越冬。6月底至9月初出

现成虫，有补充营养习性，成虫啮食桑、构、柘等桑科植物的嫩枝皮，不取食不能产卵。成虫在 1～4 cm 枝条造 U 形刻槽，每槽产卵 1 粒，共产卵 105 粒，卵期 10 d。坑道通直，每隔一定距离产生 1 个排粪孔，共 30 多个排粪孔。

3.3.4.4 青杨楔天牛 *Saperda populnea*

◎危害

危害杨、柳枝梢，形成纺锤形虫瘿，以苗木和幼树危害重。

◎识别特征

成虫：体长 11～14 mm，体黑色被黄色绒毛，间杂黑色，鞘翅多点刻，各有 4 个黄色毛斑。

幼虫：初孵时乳白色，中龄时浅黄色，老熟时深黄色，体长 10～15 mm。

◎生活习性

1 年 1 代，以老熟幼虫在虫瘿内越冬。在河北省 3 月下旬化蛹，4 月中旬成虫羽化，在 1～3 年生直径 5～9 mm 枝上产卵，马蹄形刻槽。卵期 7～11 d，孵化后 10～15 d 蛀入木质部，形成虫瘿。

3.3.4.5 桃红颈天牛 *Aromia bungii*

◎危害

桃红颈天牛危害桃、杏、李、梅、樱桃等。幼虫在皮层和木质部蛀隧道，造成树干中空，皮层脱离，树势弱，常引起树木枯死。

◎识别特征

成虫：体长 28～37 mm，黑色，前胸大部分棕红色或全部黑色，有光泽。前胸两侧各有 1 刺突，背面有瘤状突起。

卵：长圆形，乳白色，长 6～7 mm。

幼虫：体长 50 mm，黄白色。前胸背板扁平方形，前缘黄褐色，中间色淡。

蛹：淡黄白色，长 36 mm。前胸两侧和前缘中央各有突起 1 个。

◎生活习性

2 年（少数地区 3 年）1 代，以幼虫在树干蛀道内越冬。翌年 3～4 月幼虫开始活动，4～6 月化蛹，蛹期为 8 d 左右。6～8 月为成虫羽化期，多在午间活动与交尾，产卵于树皮裂缝中，以近地面 35 cm 以内树干产卵最多，卵期约 7 d。幼虫在树干内的蛀道极深，蛀道可达地面下 6 cm。幼虫一生钻蛀隧道全长 50～60 cm，蛀孔外及地面上常常堆积大量红褐色粪屑。受害严重的树干中空，树势衰弱，甚至枯死。

3.3.4.6 云斑白条天牛 *Batocera lineolata*

◎危害

云斑白条天牛寄主种类多，可危害 40 余种天然林木、经济林木及园林观赏树种。成虫啃食嫩枝皮层和叶片，幼虫蛀食韧皮部和木质部，形成大量蛀道，严重时造成树木死亡或风折，长势衰弱乃至整株死亡。

◎识别特征

成虫：体长 32～60 mm，宽 9～19 mm，体黑色，密被灰白色绒毛，前胸背板具 2 个肾形白斑，翅上有白色绒毛组成的斑点，体腹面被灰黄色短毛，两侧从眼后到腹末端有一条由白色绒毛组成的宽纵带。

幼虫：圆筒形，老熟幼虫长 70～90 mm，宽 12～15 mm，乳白色，前胸背板有一"凸"字形斑，前端有 1 个横向深褐色波形纹。

卵：白色，鞋底状，长 9 mm 左右，宽 2.7 mm 左右。

◎生活习性

3～4 年 1 代，以幼虫或成虫在树干蛀道内越冬，成虫在 5～6 月闷热的夜晚钻出羽化孔，在距地面 100 cm 以内的树干上咬出近似圆形的刻槽，随后将卵产入。卵期 8 d 左右。幼虫孵化后先在韧皮部取食，其细粉末状粪便和木屑将树皮胀裂，韧皮部被害处呈近似长方形，而后幼虫多在被害处左上方蛀入木质部向上蛀食，蛀孔竖向椭圆形，蛀道内充满木屑和虫粪，老熟幼虫在蛀道末端蛀一椭圆形蛹室化蛹，成虫羽化后在原处越冬，第 2 年成虫向上蛀食咬出宽虫道，然后横向蛀食咬出圆形羽化孔爬出。

3.3.4.7 双条杉天牛 *Semanotus bifasciatus*

◎危害

双条杉天牛以幼虫危害侧柏、桧柏和龙柏等。该虫多危害衰弱树和管理养护粗放的柏树，是柏树上的一种毁灭性蛀干害虫。被害初期树表皮没有任何症状，枝上出现黄叶时已为时过晚，再看树皮早已环剥，皮下堆满虫粪。

◎识别特征

成虫：体长为 10 mm 左右，扁圆筒形。前胸背板有 5 个突起点，鞘翅黑褐色，有两条棕黄色横带。

卵：椭圆形，长 2 mm，白色。

幼虫：老熟时体长为 15 mm 左右，扁粗，长方筒形，足退化，体乳白色，头部黄褐色，前胸背板上有 1"小"字形凹陷及 4 块黄褐色斑纹。

蛹：浅黄色，裸蛹。

◎生活习性

1 年 1 代，以成虫在树干蛹室内越冬。翌年 3 月上旬成虫咬椭圆形孔口外出，不需补充营养，飞翔力较强。成虫将卵产于树皮裂缝或伤疤处，每处有卵 1～10 粒不等，卵期为 11 d 左右。3 月下旬初孵幼虫蛀入树皮后，先取食韧皮部，随后危害木质部表面，并蛀成弯曲不规则的坑道，坑道内堆满黄白色粪屑，且虫道相通，树干表皮易剥落。树皮被环形蛀食后，上部枝干死亡，树叶枯黄。以 5 月中下旬幼虫危害最严重，6 月上旬开始蛀食木质部。8 月下旬幼虫开始在边材处做蛹室，并陆续在其内化蛹，9～10 月成虫羽化，羽化后的成虫在原蛹室内越冬。

3.3.4.8 双斑锦天牛 *Acalolepta sublusca*

◎危害

双斑锦天牛危害大叶黄杨、冬青卫矛、杨、榆、桑等树木，以幼虫取食木质部和根基干内，受害初期树叶失水失绿，之后逐渐枝枯叶黄，根部腐烂，使受害植株生长衰弱、变黄，最后导致全株枯死。成虫补充营养时啃食嫩梢枝干，易致嫩梢折断而枯死。成虫通过连续迁飞扩散危害，速度较快，危害性大。

◎识别特征

成虫：体长 11～23 mm，体宽 5.0～7.5 mm，栗褐色，体表密被灰褐色丝光绒毛，

鞘翅密被浅灰色光亮绒毛。头正中有一条细纵线，触角基瘤突出，触角长为体长的 1.5～2.0 倍，前胸背板较宽，鞘翅基部宽，向末端渐收缩，每鞘翅基部中央有一个黑褐色较圆形的斑，鞘翅末端近 2/3 处有一条棕褐色宽斜带。

卵：长约 3 mm，宽约 1.5 mm，长圆筒形，初产淡白色，近孵化时褐色。

幼虫：圆柱形，较瘦长，淡黄色，头小，头颅侧缘中部缢入，前胸背板"凸"字形斑表面密布颗粒，各腹带的上侧片突出，有 2 个骨化坑，具长刚毛 1 支，老熟幼虫体长 30～36 mm。

蛹：离蛹，长 25～45 mm，圆柱形，乳白色或淡黄色，近羽化时灰褐色。

◎生活习性

1 年 1 代，以老熟幼虫在受害植株离地面 20 cm 以内的干基或根部蛀道中作一蛹室越冬，翌年 4 月上旬开始化蛹，5 月上、下旬为化蛹盛期。5 月上旬成虫开始羽化，羽化后的成虫从虫道上端咬一个圆形羽化孔，从羽化孔内爬出后，迅速爬到枝、叶茂密的暗处，环剥枝梢韧皮部补充营养，成虫经补充营养 5～7 d 后交尾，再经 3～5 d 产卵，成虫产卵前咬一直径 0.3～0.5 cm 圆形刻槽，将卵产于刻槽中央木质部碎屑下面，单雌产卵量 45～75 粒。7 月上旬开始孵化，初孵幼虫在产卵窝处取食，之后侵入根部和树干基部危害，根部蛀道不规则，弯曲缠绕，中间充满虫粪和木屑。幼虫活动期长，7 月至 10 月都可在受害植株根部地面上发现虫粪，至 10 月底后逐渐停止取食，陆续越冬。翌年 3 月幼虫回头向地上部蛀食。

3.3.4.9 锈色粒肩天牛 *Apriona swainsoni*

◎危害

锈色粒肩天牛危害槐树、柳树、云实、紫柳、黄檀、大叶女贞、泡桐等植物。成虫和幼虫均可对寄主造成危害，但主要以幼虫危害为主。幼虫在树干、枝条中钻蛀取食形成不规

则的纵横交错的蛀道，破坏
树木输导组织，危害 1～2
年后会造成表皮韧皮部和木
质部分离，使表皮成片腐烂
脱落，切断输导组织，致使
多年生的树木整枝或整株死
亡。成虫取食国槐 1～2 年

生枝条的表皮，形成条状伤口，围绕树枝取食一周，造成
韧皮部输导组织中断，轻则影响枝条生长，重则被取食部
位以上的枝条干枯死亡。

◎识别特征

成虫：黑褐色，体表绒毛为铁锈色，触角深褐色。前胸
背板宽大于长，有不规则的粗大颗粒状突起，鞘翅肩角略突，
中、后胸腹面两侧各有 1～2 个白斑。

卵：长椭圆形，长约 5.8 mm，乳白色。

幼虫：圆筒形，乳白色，具棕黄色细毛，长达 58 mm。
前胸背板褐色，近方形，并有"八"字形黄色条纹。

蛹：长度 30～40 mm，刚开始为乳白色，羽化前逐渐变
成褐色。

◎生活习性

2 年 1 代，跨 3 个年度，以幼虫在蛀道内 2 次越冬，3 月
中下旬初孵幼虫蛀入边材后，横向往复蛀食，随着虫龄不断增
加，虫道亦逐渐加宽、加长、加深。4 月下旬幼虫开始化蛹，
5 月下旬化蛹，6 月中下旬为羽化盛期，6 月中下旬成虫开始
产卵，一直持续到 8 月中旬。幼虫 6 月下旬至 11 月上旬陆续
孵化出来，11 月中旬幼虫停止活动取食，开始第 1 次越冬。
翌年 3 月中下旬幼虫恢复取食，片状虫道进一步扩大，11 月
中下旬第 2 次越冬，第 3 年春幼虫向枝干中心蛀食，后沿枝
干向上蛀成纵直蛀道，在纵直蛀道尽头作蛹室，最后水平向
外，形成羽化孔。

3.3.4.10 松褐天牛 *Monochamus alternatus*

◎危害

松褐天牛主要危害马尾松，其次危害冷杉、云杉、雪松、落叶松等生长不良的树木或新伐树木，成虫啃食嫩枝皮，造成树势衰弱，衰弱木易诱集成虫产卵，孵化幼虫后大量钻蛀进一步造成树势衰弱，严重时引起成片松树枯死。更重要的是，松褐天牛还是松材线虫的主要传播媒介。

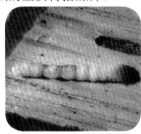

◎识别特征

成虫：体长 15～30 mm，宽 4.5～9.5 mm，赤褐色或暗褐色。触角栗色，前胸宽大于长，多皱纹，前胸背板有 2 条橘黄色纵纹，两侧各具 1 刺状突起。小盾片密生橘黄色绒毛。鞘翅上各具 5 条方形或长方形黑斑与灰白绒毛斑相间组成的纵纹。腹面及足杂有灰白色绒毛。

卵：长约 4 mm，乳白色，略呈镰刀形。

幼虫：初期乳白色，扁圆筒形，老熟时体长可达 43 mm，头部黑褐色，前胸背板褐色，中央有波形横线。

蛹：乳白色，圆筒形，体长 20～26 mm。

◎生活习性

松褐天牛的发生代数因地而异。以老熟幼虫在被害树干木质部内越冬，翌年 3 月下旬越冬幼虫在虫道末端蛹室化蛹。4 月中旬成虫开始羽化，咬羽化孔飞出，啃食嫩枝、树皮补充营养，5 月为羽化盛期。成虫具有趋光性，性成熟后，在树干基部或粗枝条的树皮上咬一眼状刻槽，然后于其中产一至数粒卵。初孵幼虫取食韧皮部，3 龄以后蛀入木质部，蛀成不规则的坑道，10 月下旬或者 11 月初幼虫陆续越冬。

◎天牛类的防治措施

（1）宏观控制措施

根据一些天牛寄主种类、传播扩散规律，在绿化设计时，一定要考虑对天牛的宏观控制问题，避免将同类寄主树种栽植一起。

（2）检疫

严格执行检疫制度，虽然很多天牛未被列为检疫对象，但天牛主动传播距离有限，主要是人为传播，对可能携带危险性天牛的调运苗木、种条、幼树实行检疫仍很有必要。

（3）林业措施

①适地适树：选用抗性树种或品系，如毛白杨抗光肩星天牛；臭椿属植物大多含有苦木素类似物而对桑天牛等具有驱避作用；水杉等抗性品系可防止桑天牛、云斑白条天牛的入侵和危害。

②避免营造人工纯林，可用块状、带状混交方式营造片状林；分段间隔混交方式营造防护林带。

③栽植一定数量的天牛嗜食树种作为诱虫饵木可以减轻对主栽树种的危害，应及时清除饵木上的天牛，如栽植糖槭可引诱光肩星天牛，栽植桑树可引诱桑天牛等。

④定期清除树干上的萌生枝，可使桑天牛产卵部位升高，减少对主干的危害。

⑤在光肩星天牛产卵期及时施肥浇水，促使树木旺盛生长，可使刻槽内的卵和初孵幼虫大量死亡。

⑥在天牛危害严重地区，可缩短伐期、培育小径材，或在天牛猖獗发生之前及时采伐、加工利用木材可降低虫口密度的增长速度。

（4）保护、利用天敌

①啄木鸟对控制天牛的危害有较好的效果，如招引大斑啄木鸟可控制光肩星天牛和桑天牛的危害，在林地对桑天牛第

一年越冬幼虫控制率可达50%。

②在天牛幼虫期释放管氏肿腿蜂，林内放蜂量与天牛幼虫数按3：1的比例，对青杨楔天牛等小型天牛及大天牛的小幼虫有良好控制效果。

③花绒坚甲在我国天牛发生区几乎均有分布，寄生星天牛属的幼虫和蛹，自然寄生率40%～80%，是控制该类天牛的有效天敌。

④利用白僵菌和绿僵菌防治天牛幼虫。在光肩星天牛和桑天牛幼虫生长期，气温在20℃以上时，可使用麦秆蘸取少许菌粉与西维因的混合粉剂插入虫孔，或用1.6亿孢子/mL菌液喷侵入孔。

⑤利用线虫防治光肩星天牛的效果70%以上，但有使用不便的缺陷。

（5）人工物理防治法

①对有假死性的天牛可振落捕杀，也可组织人工捕杀；锤击产卵刻槽或刮除虫疤可杀死虫卵和小幼虫。

②伐倒虫害木水浸1～2个月或剥皮后在烈日下翻转曝晒几次，可使其中的活虫死亡。

（6）药剂防治

①药剂喷涂枝干。对在韧皮下危害尚未进入木质部的幼龄幼虫防治效果显著。

②注孔、堵孔法。对已蛀入木质部、并有排粪孔的大幼虫，如桑天牛、光肩星天牛等使用敌敌畏等堵最新排粪孔，毒杀效果显著。

③在成虫羽化期间使用常用药剂的500～1 000倍液喷洒树冠和枝干，或用质量分数为25%的西维因可湿性粉剂、质量分数为2.5%的溴氰菊酯乳油500倍液喷树干。

3.3.5 吉丁虫类

吉丁虫属于鞘翅目吉丁甲科，种类很多，成虫生活于木本植物上，产卵于树皮缝内。幼虫大多数在树皮下、枝干或根内钻蛀，蛀道大多宽而扁，有的幼虫生活在草本植物的茎中，少数潜于叶中或形成虫瘿。危害林业树木的吉丁虫，主要有合欢吉丁虫、六星吉丁虫、大叶黄杨吉丁虫、柳吉丁虫等。

3.3.5.1　合欢吉丁虫 *Chrysochroa fulminas*

◎危害

合欢吉丁虫主要危害合欢树，是华北地区合欢树的主要蛀干害虫之一。以幼虫蛀食树皮和木质部边材部分，在树皮下蛀成不规则的虫道，破坏树木输导组织，排泄物不排出树外，被害处常有流胶，严重时造成树木枯死。

◎识别特征

成虫：体长 4 mm 左右，头顶平直，体铜绿色，有金属光泽。

幼虫：老熟时体长 5 mm 左右，体乳白色，头部小，黑褐色。胸部发达，尤其前胸背板宽大，中央有"八"字形褐色纹，腹部较细，体似铁钉状。

◎生活习性

1 年 1 代，以幼虫在树干蛀道内越冬。翌年 5 月下旬幼虫老熟，在蛀道内化蛹。6 月上旬（合欢树花蕾期）成虫开始羽化外出。成虫常在树干上爬行，并到树冠上咬食叶片，以补充营养。交尾 1~2 d 后将卵产在树干上，每处产卵 1 粒，卵期 10 d 左右。幼虫孵化后潜入树皮下，在韧皮部和木质部边材串食危害，其树表被害处症状不明显，揭开树皮后，可见大量木屑和虫粪。由于该虫的危害，树木的疏导组织被破坏，造成干枝死亡，树叶枯黄脱落，9 月被害处大量流出黑褐色胶体。11 月随着气温下降幼虫在蛀道内越冬。

3.3.5.2　白蜡窄吉丁 *Agrilus planipennis*

◎危害

白蜡窄吉丁以幼虫在树木的韧皮部、形成层和木质部浅层蛀食危害，因其隐蔽性强，防治极为困难。

◎识别特征

成虫：体铜绿色，具金属光泽，楔形；头扁平，顶端盾形；复眼古铜色、肾形，占头部大部分；触角锯齿状；前胸横长方形，比头部稍宽，与鞘翅基部同宽；鞘翅前缘隆起成横脊，表面密布刻点，尾端圆钝，边缘有小齿突；腹部青铜色。

卵：淡黄色或乳白色，孵化前黄褐色，扁圆形，中部宽，中央微凸，边缘有放射状褶皱。

幼虫：乳白色，体扁平带状；头褐色，缩进前胸。

蛹：乳白色，触角向后伸至翅基部，腹端数节略向腹面弯曲。

◎生活习性

1年1代。以不同龄期的幼虫在韧皮部、木质部或边材坑道内越冬。翌年4月上、中旬开始活动，4月下旬开始化蛹，5月中旬为化蛹盛期，6月中旬为化蛹末期。成虫于5月中旬开始羽化，6月下旬为羽化盛期。成虫6月中旬至7月中旬产卵，每头雌虫平均产卵68～90粒。幼虫于6月下旬孵化后，即陆续蛀入韧皮部及边材内危害。10月中旬，幼虫开始在坑道内越冬。

3.3.5.3 苹果小吉丁 *Agrilus mali*

◎危害

主要危害苹果、沙果、海棠、花红等，主要以幼虫危害皮层，隧道内褐色虫粪堵塞，皮层枯死、变黑、凹陷。

◎识别特征

成虫：体长 5.5～10.0 mm，紫铜色，有光泽。头部短而宽，前端呈截形，翅端尖削，体似楔状。

幼虫：体长 15～22 mm，体扁平。头部和尾部为褐色，胸腹部乳白色。头大，前胸特别宽大，腹部第七节最宽。

卵：长约 1 mm，椭圆形，初乳白色，后逐渐变为黄褐色。

◎生活习性

1 年 1 代，以幼虫在被害处皮层下越冬，第二年 3 月下旬幼虫开始串食皮层，造成凹陷、流胶、枯死。5 月下旬至 6 月中旬是幼虫严重危害期，7～8 月为成虫

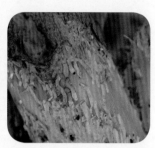

盛发期。成虫咬食叶片，产卵盛期在 7 月下旬到 8 月上旬，卵产在枝条向阳面，初孵幼虫即钻入表皮浅层，蛀成弯曲状不规则的隧道。随着虫龄增大，逐渐向深层危害。11 月底开始越冬。

◎吉丁虫类的防治措施

（1）检疫

吉丁虫幼虫期一般较长，跨冬、春两个栽植季节，携带虫卵及幼虫的枝干极易随种条、苗木调运而传播，因此应加强栽植材料的检疫，从疫区调运被害木材时需经剥皮、火烤或熏蒸处理，以防止害虫的传播和蔓延。

（2）林业技术

①选育抗虫树种，营造混交林，加强抚育和水肥管理，适当密植，提早郁闭，增强树势。

②及时清除虫害木，剪除被害枝丫，消灭虫源；伐下的虫害木必须在 4~5 月幼虫化蛹以前剥皮或进行除害处理。

③利用成虫的假死性、喜光性在成虫盛发期进行人工

捕杀。

（3）药剂防治

①成虫盛发期用质量分数为90%的敌百虫晶体、质量分数为50%的马拉硫磷乳油、质量分数为50%的杀螟松乳油1 000倍液连续2次喷射有虫枝干。②在幼虫孵化初期，用50%内吸磷乳油与柴油的混合液(体积比为1∶40)，每隔10日涂抹危害处，连续3次。③在幼虫出蛰或活动危害期用质量分数为40%的氧化乐果与矿物油以1∶(15~20)的体积比制成混合物，在活树皮上涂3~5 cm宽的药环，药效可达2~3个月。

（4）人工捕杀

在成虫发生期于早晨水未干前振动树干，踩死或网扑落地假死成虫；发现树皮翘起，一剥即落并有虫粪时，立即掏去虫粪，捕捉幼虫，或用小刀戳死。

（5）生物防治

保护利用当地天敌，包括猎蝽、啮小蜂及啄木鸟等；斑啄木鸟是控制杨十斑吉丁虫最有效的天敌，可以采取林内悬挂鸟巢招引斑啄木鸟，使其定居和繁衍。

3.3.6　象甲类

臭椿沟眶象 *Eucryptorrhynchus brandti*

◎危害

臭椿沟眶象主要蛀食危害臭椿和千头椿。初孵幼虫先危害皮层，导致被害处薄薄的树皮下面形成一小块凹陷，稍大后钻入木质部内危害。沟眶象常与臭椿沟眶象混杂发生。幼虫主要蛀食根部和根际处，造成树木衰弱以至死亡。

◎识别特征

成虫：体长11.5 mm左右，宽4.6 mm左右。臭椿沟眶象体黑色。额部窄，中间无凹窝；头部布有小刻点；前胸背板和鞘翅上密布粗大刻点；前胸前窄后宽。前胸背板、鞘翅肩部及端部布有白色鳞片形成的大斑，稀疏掺杂红黄色鳞片。

卵：长圆形，黄白色。

若虫：长 10～15 mm，头部黄褐色，胸、腹部乳白色，每节背面两侧多皱纹。

◎生活习性

1 年 1 代，以幼虫和成虫在树干内及土中越冬。成虫羽化大多在夜间和清晨进行，有补充营养习性，取食顶芽、侧芽或叶柄，成虫很少起飞、善爬行，喜群聚危害，危害严重的树干上布满羽化孔。臭椿沟眶象飞翔力差，自然扩散靠成虫爬行。

◎象甲类的防治措施

（1）物理机械措施

4 月中旬，逐株搜寻可能有虫的植株，发现树下有虫粪、木屑，干上有虫孔眼处，用螺丝刀拧杀刚开始活动的幼虫。7 月成虫多集中在树干上，可人工捕捉。

（2）药杀幼虫

在幼虫危害处注入质量分数为 80% 的敌敌畏 50 倍液，并用药液与黏土和泥涂抹于被害处。可采用质量分数为 2.5% 的溴氰菊酯 1 500 倍液在 7 月份杀成虫。

3.3.7 小蠹虫类

红脂大小蠹 *Dendroctonus valens*

◎危害

红脂大小蠹主要危害油松、白皮松，偶见侵害华山松、云杉。主要危害已经成材且长势衰弱的大径级立木，在新鲜伐桩和伐木上危害尤其严重。以成虫或幼虫取食韧皮部、形成层，当虫口密度较大、受害部位相连形成环剥时，可造成整株树木死亡。红脂大小蠹从侵入树木到该树死亡，仅需两至三年的时间。

◎识别特征

成虫：圆柱形，长 5.7～10.0 mm，淡色至暗红色，前胸

88

背板宽，具粗的刻点，虫体稀被排列不整齐的长毛。

卵：圆形，长 0.9～1.1 mm，宽 0.4～0.5 mm，乳白色，有光泽。

幼虫：体白色，头部淡黄色，口器褐黑色，老熟幼虫平均体长 11.8 mm。

蛹：体长 6.4～10.5 mm，初为乳白色，渐变为浅黄色、暗红色。

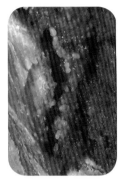

◎生活习性

1 年 1～2 代，虫期不整齐，一年中除越冬期外均有红脂大小蠹成虫活动，高峰期出现在 5 月中下旬，雌成虫首先蛀入内外树皮到形成层，木质部表面也可被刻食，在雌虫侵入之后较短时间里，雄虫进入坑道，当达到形成层时，雌虫首先向上蛀食，然后连续向内侧或垂直方向扩大坑道，直到树液流动停止，雌虫即向下蛀食，通常达到根部。侵入孔周围出现凝结成漏斗状块的流脂和蛀屑的混合物，各种虫态都可以在树皮与韧皮部之间越冬，且主要集中在树的根部和基部。

◎小蠹虫类的防治措施

（1）栽培防治

加强抚育管理，适时、合理的修枝、间伐，改善园内卫生状况，增施磷、钾肥增强树势，提高树木本身的抗虫能力。伐除被害木，及时运出园外，并对虫害进行剥皮处理，减少虫源。

（2）诱杀成虫

成虫羽化前或早春设置饵木，引诱成虫潜入，并经常检查饵木内的小蠹虫的发育情况并及时处理。使用聚集信息素进行防治，如使用性诱剂监控诱杀红脂大小蠹，在其大量繁殖转移前，杀死聚集的小蠹虫。

（3）生物防治

释放蒲螨，可有效寄生并杀死柏肤小蠹、日本双棘长蠹的成虫、幼虫；接种式释放大唼蜡甲防治红脂大小蠹。在红脂大小蠹危害程度中等林分，每亩林地选择 1 株受害寄主树，于红脂大小蠹 2～3 龄幼虫期，向该树释放 5 对大唼蜡甲成虫，或用毛笔向凝脂状漏斗孔中移入大唼蜡甲 3 龄幼虫，其他大部分时间也可进行释放。

（4）化学防治

利用成虫在树干根际越冬的习性，于早春 3 月下旬，在根际撒地害平颗粒剂，然后在干基培高 4～5 cm 的土。在成虫羽化盛期或越冬成虫出蛰盛期，喷施质量分数为 2.5% 的溴氰菊酯乳油、狂杀 1 500 倍液。先刮掉老皮，把狂杀或巧功抹在虫疤处，然后用塑料布把树干 1.5 m 以下和地面包裹起来，可杀死幼虫。

3.3.8　食心虫类

3.3.8.1　桃小食心虫 *Carposina niponensis*

◎危害

桃小食心虫寄主有苹果、梨、山楂、桃、杏、李等。以幼虫在果核周围蛀食果肉，排粪于其中，形成"豆沙馅"。被害果品质降低，有的脱落，严重者不能食用，失去经济价值。

◎识别特征

成虫：雌虫体长 7～8 mm，翅展开 16～18 mm，雄虫略小。前翅中央近前缘处有一蓝黑色近三角形大斑，后翅灰色。雌蛾触角丝状，雄蛾触角栉齿状。

卵：红色，竖椭圆形，顶端环生"Y"字形外长物。

幼虫：老熟幼虫体长 13 ~ 16 mm，桃红色，初孵化乳白色，头及前胸背板黑褐色。

蛹：蛹有两种。越冬蛹扁圆形，长 4.5 ~ 6.2 mm，宽 3.2 ~ 5.2 mm，质地紧密，坚韧结实；夏蛹纺锤形，长 7.8 ~ 9.9 mm，宽 3.2 ~ 5.2 mm，质地疏松，一端有羽化孔，幼虫在其中化蛹。

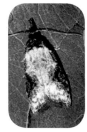

◎生活习性

我国北方 1 年 1 ~ 2 代，以幼虫在树干周围浅土内结茧越冬，翌年春平均气温 16 ℃，地温约 19 ℃时幼虫开始出土，在土块或其他物体下结茧化蛹。6 ~ 7 月间成虫大量羽化，夜间活动，6 月下旬产卵于苹果、梨的萼凹处。初孵幼虫先在果面爬行啃咬果皮，但不吞咽，随后蛀入果肉纵横串食。蛀孔周围果皮略下陷，果面有凹陷痕迹。8 月下旬幼虫老熟，结茧化蛹，8 ~ 10 月初桃小食心虫发生第 2 代。

3.3.8.2 梨小食心虫 *Grapholitha molesta*

◎危害

梨小食心虫的食性复杂，主要危害梨、桃、李、杏、苹果等多种果树。春季幼虫主要危害桃树树梢，夏季一部分幼虫为害桃树树梢，另一部幼虫分危害桃果，秋季幼虫主要危害梨果。危害叶部多从上部叶柄基部蛀入髓部，向下蛀至木质化处便转移，蛀孔流胶并有虫粪，被害嫩梢逐渐枯萎，俗称"折梢"；危害果实时幼虫蛀入直达果心，高湿情况下蛀孔周围常变黑腐烂扩大，俗称"黑膏药"。

◎识别特征

成虫：体长 4~6 mm，翅展 10~12 mm，暗褐色，翅上密布白色鳞片。

卵：扁椭圆形，直径 0.5~0.8 mm，初产时乳白色，后为淡黄色。

幼虫：老熟幼虫体长 6~8 mm，淡红色至桃红色，腹部橙黄色，头褐色。

蛹：丝质，白色，长 6~7 mm，长椭圆形。

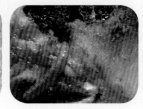

◎生活习性

1 年 4 代，以第 3 代或第 4 代幼虫在树皮缝和根茎裂缝处及土中结茧越冬，翌年春季开始化蛹，桃树盛花期为成虫羽化高峰期，5 月初开始出现第 1 代幼虫，5 月中旬为第 1 代幼虫危害盛期，6 月底至 7 月上旬为第 2 代幼虫发生期，7 月下旬至 9 月初为第 3 代和第 4 代发生期。梨小食心虫有转寄主危害习性，一般第 1 代主要危害桃树新梢，第 2、3、4 代危害桃、梨、苹果的果实。

◎防治措施

（1）人工防治

越冬刮除树干粗皮，消灭皮内越冬的食心虫。8 月份在树干绑草环，诱集幼虫过冬，冬季烧毁。冬季清园，清扫落叶、杂草，烧毁、杀死在内越冬的食心虫。结合修剪，剪除食心虫越冬的虫芽。在幼虫危害果期至羽化前（麦收前），彻底摘净食心虫虫果，加以处理。在 5~6 月食心虫危害桃树树梢时，及时剪去有虫树梢，烧毁。

（2）物理防治

果园设置黑光灯，诱杀成虫。也可用糖 1 份、醋 4 份、水 16 份，再加少量敌百虫，配制成糖醋液盛于碗中，挂于树上，诱集成虫取食，将其杀死。

（3）药物防治

药剂种类主要是菊酯类农药，如质量分数为 20% 的杀灭菊酯、质量分数为 2.5% 的溴氰菊酯、质量分数为 10% 的氯氰菊脂、质量分数为 20% 的灭扫利、质量分数为 2.5% 的功夫或质量分数为 21% 的灭杀毙 2 500～3 000 倍液。如同时有叶螨发生可施用灭扫利和功夫兼治。

（4）生物防治

利用捕食性天敌如草蛉、瓢虫、花蝽、蜘蛛、步行甲、蚂蚁等均可捕食食心虫。如赤眼蜂可寄生多种虫卵、姬蜂寄生梨大食心虫、甲腹茧蜂寄生桃小食心虫等。对摘下的有梨大食心虫危害的果进行剖查。如寄生蜂多时，应将有虫果保存，上盖纱罩，待天敌羽化后放出，使之继续消灭害虫。

4 主要病害

4.1 叶、花、果病害

4.1.1 叶斑病类

4.1.1.1 丁香叶斑病

危害：丁香感染叶斑病后，叶片早落、枯死，生长不良，影响观赏效果。丁香叶斑病包括丁香褐斑病、丁香黑斑病和丁香斑枯病 3 种。

◎丁香褐斑病

症状：丁香褐斑病主要危害叶片，病斑为不规则形、多角形或近圆形，直径 5～10 mm。病斑褐色，后期中央组织变成灰褐色。病斑背面可生灰褐色霉层，即

病菌的分生孢子和分生孢子梗。病斑边缘深褐色。发病严重时病斑相互连接成大斑。

病原：病原菌属于半知菌亚门、丝孢菌纲、尾孢属真菌。

发病规律：病原菌以子座或菌丝体在病叶上越冬，分生孢子借风雨传播，由伤口或直接侵入。在秋季多雨潮湿时该病发病较重。

◎丁香黑斑病

症状：病斑近圆形，直径 3～10 mm，初期淡褐色，后期

灰褐色，有隐约轮纹。病斑表面密生黑色霉点，即病原菌的分生孢子和分生孢子梗。发病严重时，病叶枯死、破裂。

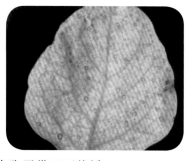

病原：病原菌为半知菌亚门、丝孢菌纲、链格孢属真菌。

发病规律：病菌以菌丝体和分生孢子在病叶上越冬。分生孢子借风雨传播。

4.1.1.2 桧柏叶枯病

危害：桧柏叶枯病主要危害桧柏，还可危害侧柏针叶和嫩梢。发病植株生长势弱，降低观赏性。

症状：当年新发针叶及嫩梢发病重。发病针叶由绿色变黄色，最后变成枯黄色，引起针叶早落。发病严重时，树冠布满枯黄病的枝叶，当年不易脱落，翌年春天掉落。

病原：病原菌为半知菌亚门、丝孢菌纲、交链孢属真菌。

发病规律：病原菌以菌丝体在病残枝条上越冬，分生孢子靠气流传播，自伤口侵入。小雨有利于分生孢子的产生和侵入，小树发病较重。

4.1.1.3 月季黑斑病

危害：月季黑斑病是月季最主要的病害。该病除危害月季外，还危害蔷薇、黄刺玫、山玫瑰等近百种蔷薇属植物及其杂交种。此病常在夏、秋季造成黄叶、枯叶、落叶，影响月季

的开花和生长。

症状：月季黑斑病主要危害叶片，也危害叶柄和嫩梢。感病初期叶片上出现褐色小点，以后逐渐扩大为圆形或近圆形的斑点，边缘呈不规则的放射状，病部周围组织变黄，病斑上生有黑色小点，严重时病斑连片，甚至整株叶片全部脱落，成为光杆。嫩枝上的病斑为长椭圆形，暗紫红色，稍下陷。

病原：病原菌为半知菌亚门、腔孢纲、放线孢属真菌。

发病规律：病原菌以菌丝和分生孢子在病残体上越冬。露地栽培，病菌以菌丝体在芽鳞、叶痕或枯枝落叶上越冬。分生孢子借风雨、飞溅水滴传播，因而多雨、多雾、多露时易于发病。在北方一般8～9月发病最重。

4.1.1.4　银杏叶斑病

危害：银杏叶斑病又称为轮纹病，是已发现的银杏主要病害之一，危害银杏叶片，甚至引起银杏提前落叶，严重影响了银杏的观赏价值。

症状：病害发生于叶片周缘，逐渐发展成组织交界楔形的病斑，褐色或浅褐色，后呈灰褐色。病、健组织交界处有鲜明的黄色带。至病害后期，在叶片的正、反面产生散生的黑色小点，有时成轮纹状排列。阴雨潮湿时，从小点处出现黑色带状或角状的黏块。

病原：病原菌为半知菌亚门、腔孢纲、银杏多毛孢属真菌。

发病规律：以菌丝体及其子实体在病叶上越冬，经风雨或昆虫传播，引起发病，以衰弱树和树叶伤处发病较多，特别是从虫伤处侵染发病的最多。7～8月前后叶开始发病，到秋季发病加重。强风、夏季的高温干燥和曝晒较烈的环境，以及植株衰弱，树叶受虫伤较多，病害发生常严重。

4.1.1.5 杨树灰斑病

危害：杨树灰斑病可危害多种杨树，从小苗到大树都能发病，以幼苗、幼树被害严重，使叶片提早脱落，影响苗木的质量。

症状：杨树灰斑病主要危害叶片和嫩梢，发病叶片病斑绿色、灰绿色或锈褐色。叶片正面病斑近圆形，直径 10 mm 左右，中心灰白色，周缘有褐色隆起，潮湿条件下病斑长出黑绿色突起的毛绒状的霉状物。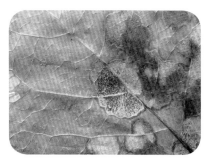病斑可连片形成大黑斑。嫩梢发病部位变黑，形成梭形病斑，可使病叶枯死。

病原：病原菌为半知菌亚门的杨灰叶点霉和杨棒盘孢。

发病规律：病原菌以分生孢子在落叶上越冬。翌年春分生孢子萌发成为初侵染源。分生孢子借风雨和气流传播，萌发后由气孔或表皮细胞缝隙侵入寄主细胞。潜育期 5 ~ 10 d，发病后 2 d 可产生新的分生孢子，进行再侵染。一年可反复侵染多次。降雨和潮湿条件有利于发病。

4.1.1.6 大叶黄杨褐斑病

危害：大叶黄杨褐斑病主要危害叶片，严重时造成大量落叶，个别植株甚至叶片落光，直接影响生长势。

症状：病斑多从叶尖、叶缘处开始发生，初期为黄色或淡绿色小点，后扩展成直径 2 ~ 3 mm 近圆形褐色斑，病斑周围有较宽的褐色隆起，并有一黄色晕圈，病斑中央黄褐色或灰褐色，后期几个病斑可连接成片，病斑上密布黑色绒毛状小点。严重时叶片发黄脱落，致植株死亡。

病原：病原菌为半知菌亚门、坏损尾孢属真菌。

发病规律：病原菌以菌丝或子座组织在病叶及其他病残组织中越冬。翌年春形成分生孢子进行初侵染。分生孢子由风雨传播。潜育期 20～30 d，5 月中下旬开始发病，6～7 月为侵染盛期，8～9 月为发病盛期，并引起大量落叶。

4.1.1.7　松落针病

危害：松落针病为世界性病害，危害多种松树，如油松、白皮松、华山松、马尾松、樟子松等，影响病树正常生长，引起病树提早落叶，甚至会导致病树死亡。

症状：多发生在 1～2 年生的松针上。受害叶初期为黄色小斑点，逐渐发展成黄色段斑，颜色加深，后期变成红褐色。晚秋全针叶变黄脱落。晚秋病叶上可产生细小黑点（病菌的分生孢子器）。

病原：病原菌为子囊菌亚门、散斑壳属真菌。

发病规律：以菌丝体在落叶或树枝的病叶上越冬。子囊孢子借风雨传播，该病菌没有再次侵染。高湿环境有利于该病发生。

4.1.1.8　松赤枯病

危害：松赤枯病是松树幼林的一种重要叶部病害，分布较广，凡有松树分布地区，均有此病危害。该病主要危害马尾松、油松、黑松、华山松、云南松、湿地松、火炬松及柳杉等。

症状：松赤枯病主要危害幼林新叶，少数老叶也有受害，受害叶初为褐色或淡黄色棕色段斑，也有少数呈浅绿色到浅灰绿色，后变淡棕红色或棕褐色，最后呈浅灰色或暗灰色，被害严重者似火烧，提早落叶，严重影响生长。

病原：病原菌为半知菌亚门、多毛孢属真菌。

发病规律：以分生孢子和菌丝体在树上或落在地面的病针内越冬，以分生孢子进行侵染，由自然孔和伤口处侵入针叶，潜育期因环境条件而异，一般 3～5 d，新叶感病后 7 d 左右，产生新的子实体，遇雨产生大量分生孢子盘，以此进行再次侵染。

4.1.1.9 悬铃木霉斑病

危害：悬铃木霉斑病也叫梧桐霉斑病。该病危害一球悬铃木、二球悬铃木、三球悬铃木，实生苗受害后往往枯死。

症状：病害发生在叶片上，病叶背面生许多灰褐色或黑褐色霉层，有大小两种类型，小型霉层直径 0.5～1.0 mm，大型霉层直径 2～5 mm，呈胶着状，在相对应的叶片正面呈现大小不一的近圆形褐色病斑。

病原：病原菌为半知菌亚门、尾孢属真菌。

发病规律：病原菌以分生孢子在病落叶上越冬，5 月下旬开始在实生苗上发病，6～7 月为发病盛期，至 11 月停止。夏、秋季多雨，实生苗木幼小或过密发病严重。插条苗和幼树受害轻。大树上尚未发现该病发生。

4.1.1.10 大叶黄杨疮痂病

危害：大叶黄杨疮痂病主要危害大叶黄杨叶片、枝条，危害严重时造成叶片脱落、枝条枯死，不仅造成植株长势衰弱，还大大降低了观赏性。各地栽培区均有发生。

症状：叶面最初出现圆形或近椭圆形斑点，后期病组织干枯脱落形成穿孔。新梢被侵染时，表面出现深褐色圆形或椭圆形稍隆起的病斑，疮痂状，中央灰白色。后期在病斑中央产生1个至2个小黑点，即分生孢子盘。危害严重时造成叶片脱落，最终导致枝条枯死。

病原：病原菌为半知菌亚门、刺盘孢属真菌。

发病规律：以菌丝和分生孢子盘在病叶中或病残体一起在土壤中越冬。翌年5月遇适宜条件即传播侵染。蝼蛄、叩头虫、线虫等均可传带病菌扩大危害。此外，流水、养护操作也可传播病害。植株过密、生长不良、管理粗放以及风、雨等有利于病害发生和传播。温度高、雨水多、湿度大的条件易造成感病加重。

4.1.1.11 大叶黄杨叶斑病

危害：大叶黄杨叶斑病常会引起植株提前落叶，造成秃枝，甚至死亡，严重地影响了大叶黄杨的正常生长和观赏效果。各栽培区均有发生。

症状：叶正面出现黄褐色斑，扩大为近圆形或不规则形，直径4～14 mm，中央灰白色，有浅褐色同心轮纹，边缘深褐色稍隆起，病斑内密生细小黑色霉点。病斑干枯后与健部裂开，直至形成穿孔。严重时病斑连成片，叶片枯黄脱落。

病原：病原菌为半知菌亚门、尾孢属真菌。

发病规律：病原菌在病叶内越冬，春季产生分生孢子进行初侵染，以后在整个生长季节，产生大量分生孢子进行多次再侵染。多雨、潮湿、春季遭受冻害或植株过密、通风不良时发病严重。一般高温多雨的年份发病严重。

4.1.1.12 紫荆角斑病

危害：紫荆角斑病危害紫荆和紫荆属的其他一些植物。发病严重时，造成落叶，影响生长和观赏。

症状：紫荆角斑病主要发生在叶片上，病斑呈多角形，黄褐色至深红褐色，后期着生黑褐色小霉点。严重时叶片上布满病斑，常连接成片，导致叶片枯死脱落。

病原：病原菌为半知菌亚门、尾孢属真菌。

发病规律：一般在 7~9 月发生，下部叶片先感病，逐渐向上蔓延扩展。植株生长不良，多雨季节发病重，病菌在病叶及病株残体上越冬。

4.1.1.13 紫荆叶枯病

危害：紫荆叶枯病主要危害叶片，常引起大半张叶片变红褐色而枯死，或整叶枯死。

症状：初期病斑红褐色圆形，多在叶片边缘，连片并扩展成不规则形大斑，至大半或整个叶片呈红褐色枯死。老的发病部位产生黑色小点。

病原：病原菌为半知菌亚门、叶点霉属真菌。

发病规律：病原菌以菌丝或分生孢子器在落地叶上越冬。病菌寄生力强，新叶展开后就可致病。植株过密，易发此病。

4.1.1.14 女贞叶斑病

危害：女贞叶斑病主要侵染叶片，常造成整个叶片焦枯和脱落，枝条干枯。发病重时，整株成片死亡。

症状：发病初期在叶面生出圆形褐色小点，直径 1~2 mm，逐渐扩大成直径 5~10 mm 大斑，圆形至椭圆形，生在叶缘则为不规则形。后期病斑边缘有深褐色宽边，中央浅褐色。病斑上有时生有褐色小点。

病原：病原菌为半知菌亚门、叶点霉属真菌。

发病规律：以分生孢子器在病叶上越夏或越冬，翌年春或秋条件适宜时产生分生孢子进行再侵染，并可进行多次再侵染。多雨或湿度大利于其发病。

4.1.1.15　柿角斑病

危害：柿角斑病主要危害柿树的叶片及柿蒂，不危害枝条、树干和果实。发病严重时会导致早期落叶落果，影响产量和质量，还削弱树势，并诱发柿疯病。

症状：受害叶出现不规则的褪绿晕斑，后变为浅黑色斑。病斑周缘被叶脉所限，形成不规则多角形，围以黑色边缘。病部具黑色小颗粒病症。

病原：病原菌属于半知菌亚门、丝孢纲丛、梗孢目、暗色孢科、尾孢属。

发病规律：病原菌以菌丝体在柿蒂和落叶上越冬。残留树上的病蒂是主要的初侵染源，往往成为树冠内病菌传播中心。翌年6～7月，病蒂上的越冬病菌产生分生孢子，随风雨传播。孢子萌发产生芽管后，从叶背气孔侵入，潜育期28～38 d。柿角斑病潜育期长，虽发生再侵染，但一般不严重。

4.1.1.16　柿圆斑病

危害：柿圆斑病俗称柿子烘，主要危害叶片，有时也侵染柿蒂，造成早期落叶，引起柿果提前变红、变软脱落，严重影响产量，由于削弱树势，可引起柿疯病。

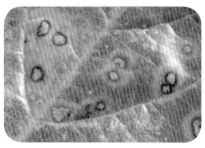

症状：叶片发病初期出现大量浅褐色圆形小斑，以后渐扩大形成深褐色圆斑，直径 1～7 mm，多为 2～3 mm，边缘黑褐色。一片病叶上往往有一两百个病斑，多者有五百多个。病叶渐变红色，病斑周围出现黄绿色晕环，外圈往往有黄色晕。

病原：病原菌属于子囊菌亚门、座囊菌目（科）、球腔菌属。

发病规律：病原菌在病叶中形成子囊壳越冬。翌年子囊壳成熟后，从 6 月中旬至 7 月上旬，子囊孢子大量飞散，经叶片气孔侵入。此病无再侵染现象，一般来说，前一年病叶多，当年 6～8 月雨水多时，病害发生严重。

4.1.1.17 梨黑斑病

危害：梨黑斑病是梨树上的重要病害之一，在我国梨栽培区普遍发生。发病严重时该病会引起早期落叶和嫩梢枯死，致使裂果和早期落果。在河北省梨黑斑病主要危害雪花梨叶片，导致叶枯叶黄，但果实很少受害。

症状：嫩叶最易发病，导致中心灰白色至灰褐色，外围有黄色晕圈的近圆形或不规则形病斑，有时病斑上有轮纹。病斑融合形成大斑，病叶即焦枯、畸形、早期脱落。天气潮湿时，病斑表面遍生黑霉。幼果受害，先在果面上产生一个至数个褐色圆形针头大小的斑点，逐渐扩大，呈近圆形至椭圆形，褐色至黑褐色，病斑略凹陷，潮湿时表面也产生黑色霉层。随着果实生长，果实龟裂，裂缝可深达果心，裂缝内产生黑霉，病果早落。果实近成熟期染病的，形成圆形至近圆形黑褐色大病斑，稍凹陷，产生墨绿色霉层。果肉软腐，组织浅褐色，也引起落果。果实贮藏期常以果柄基部撕裂的伤口或其他伤口为中心发生黑褐色至黑色病斑，凹陷，软腐，严重时深达果心，果实腐烂。病、健交界处常产生裂缝。

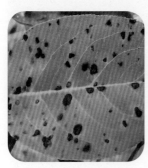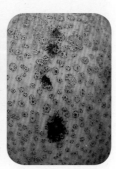

病原：病原菌为半知菌亚门、链格孢属的菊池链格孢。

发病规律：以分生孢子和菌丝体在病叶、病枝、病果等病残体内越冬。翌年春季产生新的分生孢子，经风雨传播，从气孔、皮孔或直接侵入寄主组织引起初侵染。从展叶到果实采收均可发生再侵染，展叶1个月以上的叶片不受侵染。在华北梨区，一般从6月开始发病，7～8月雨季为发病盛期。

4.1.1.18 梨黑星病

危害：梨黑星病又名疮痂病、黑霉病及斑点病，是我国南、北梨区普遍发生的重要病害，此病经常流行，不仅造成很大损失，而且果的品质下降，丧失或降低了果品的商品价值。

症状：梨黑星病能危害所有幼嫩的绿色组织，以果实和叶片为主，而且发病危害时期可从落花期直至果实接近成熟期。果实受害，初期为淡黄色斑点，逐渐扩大长出黑色霉斑，以后病部凹陷木栓化，停止生长呈畸形，易脱落；叶片受害，在叶正面出现圆形或不规则形的淡黄色斑，叶背密生黑色霉斑，危害严重时，整个叶背布满黑色霉斑，在叶脉上也可产生长条状黑色霉斑，并造成大量落叶。

病原：无性阶段病原菌为半知菌亚门、黑星孢属、梨黑星病菌；有性阶段病原菌为子囊菌亚门、黑星菌属真菌。

发病规律：病原菌的越冬及初侵染有三种情况，①以菌丝在病芽鳞片间及鳞片内越冬，第二年病芽萌发长出病梢，病梢上产生分生孢子，成为主要初侵染源；②病菌的分生孢子在带病落叶上过冬；③以未成熟的原生假囊壳在落叶上过冬，翌年春季形成子囊孢子。分生孢子和子囊孢子侵染新梢，出现发病中心，产生的分生孢子通过风雨传播，引起多次再侵染。该病是一种流行性很强的多循环病害，发生和流行的程度主要取决于气候条件和寄主的抗病性。

叶斑病类的防治措施：

（1）加强栽培管理：合理施肥，肥水要充足；夏季干旱时，要及时浇灌；互通区要及时排水；种植密度要适宜，以便通风透光降低叶片湿度；及时清除林间杂草。

（2）消灭侵染来源：随时清扫落叶，摘去病叶。冬季对重病株进行重度修剪，清除病茎上的越冬病原。休眠期喷施3～5波美度的石硫合剂。

（3）药剂防治：注意发病初期及时用药。根据病害种类可选用质量分数为70%的甲基托布津可湿性粉剂1 000倍液；质量分数为10%的世高水分散粒剂6 000～8 000倍液；质量分数为50%的代森铵水剂1 000倍液。10～15 d喷施1次，连续喷施3～4次。

4.1.2 缩叶病类

桃缩叶病

危害：桃缩叶病是桃树栽培地区普遍发生的一种病害，除桃外，还危害山桃、碧桃、樱花、李、杏梅等。

症状：发病部位以叶片为主。严重时新梢、花、幼果也可受害。叶片受侵后肥厚皱缩发脆，较健康叶显著增大，叶片失绿转为黄色至带紫红色。到夏初时病叶上出现一层灰白色粉霜，叶正面较多。不久叶片变黑而死。嫩梢受害后较健康枝梢短，略为粗肿，呈灰绿色或黄色。

病原：病原菌为子囊菌亚门的畸形外囊菌。

发病规律：病原菌以子囊孢子或芽孢子等在桃树的芽鳞片和枝干的树皮上越夏、越冬。第二年春天桃树萌芽时，芽孢子萌发，由叶背（叶片展开前）或叶面（叶片展开后）穿过表皮侵入叶内，或经皮孔侵入嫩芽中，进行初次侵染。桃缩叶病的发生，与早春的天气状况有密切关系。在桃树萌芽时气温低（10~16 ℃）、湿度大发病重；反之，天气干燥、气温较高时发病就轻。

缩叶病类的防治措施：

（1）人工防治：春季初见病叶而未形成灰白色子囊层之前，及时摘除病叶并集中烧毁，以减少当年的越冬病菌。

（2）加强栽培管理：增施肥水，增强树势，提高树体的抗病能力。

（3）药剂防治：在早春桃芽开始膨大但未展开时，喷施 5 波美度石硫合剂一次，这样连续喷药两三年，就可彻底根除桃缩叶病。在发病很严重的桃园，可在当年桃树落叶后(11 ~ 12 月)喷质量分数为 2% ~ 3% 的硫酸铜一次，以杀灭黏附在冬芽上的大量芽孢子。到翌年早春再喷 5 波美度石硫合剂一次，使防治效果更加稳定。

4.1.3 细菌性穿孔病类

桃细菌性穿孔病

危害：桃细菌性穿孔病是严重危害桃树正常生长的烈性病害。如果防治不及时，易造成大量落叶。此病除危害桃树外，还能侵害油茶、碧桃、紫叶李、红叶李、李、杏和樱桃等多种树木。

症状：受害后，在叶片上出现水渍状小点，逐渐扩大成紫褐色至黑褐色病斑，周围呈水渍状黄绿色晕环，随后病斑干枯脱落形成穿孔。枝梢上逐渐出现以皮孔为中心的褐色至紫褐色圆形稍凹陷病斑。感病严重植株的 1 ~ 2 年生枝梢在冬季至萌芽前枯死。

病原：病原菌为变形菌门、变形菌纲、黄单胞杆菌属。

发病规律：病原菌主要在枝梢的溃疡斑内越冬，翌年春季随气温上升，从溃疡斑内滋生出菌液，借风雨和昆虫传播，经叶片气孔和枝梢皮孔侵染，引起当年初次发病，一般 3 月份开始发病，10 ~ 11 月多在被害枝梢上越冬。

细菌性穿孔病类的防治措施：

（1）栽培管理措施：开春后要注意开沟排水，达到雨停水干，降低空气湿度；增施有机肥和磷钾肥，避免偏施氮肥；

改善通风透光条件，促使树体生长健壮，提高抗病能力；在10~11月桃休眠期，也正是病原菌在被害枝条上开始越冬，结合冬季清理修剪，彻底剪除枯枝、病梢，及时清扫落叶、落果等，集中烧毁，消灭越冬菌源。桃树附近应避免杏、紫叶李、樱花等树木。

（2）药剂防治：发芽前喷 3~5 波美度石硫合剂铲除越冬菌源。发芽后喷质量分数为 72% 的农用硫酸链霉素可湿性粉剂 3 000 倍液。幼果期喷代森锌 600 倍液、农用硫酸链霉素 4 000 倍液或硫酸锌石灰液 (硫酸锌 0.5 kg、消石灰 2 kg、水 120 kg)。6 月末至 7 月初喷第一遍，半个月至 20 d 喷 1 次，共喷 2~3 次。

4.1.4 白粉病类

4.1.4.1 黄栌白粉病

危害：黄栌白粉病是危害黄栌的主要病害之一，受白粉病危害可导致叶片干枯或提早脱落；有的叶片被白粉病覆盖后影响其光合作用，致使叶色不正，不但使树势生长衰弱，而且导致秋季红叶不红，变为灰黄色或污白色，严重影响红叶的观赏效果。

症状：黄栌白粉病主要危害叶片，也危害嫩枝。叶片被害后，初期在叶面上出现白色粉点，后逐渐扩大为近圆形白色粉霉斑，严重时霉斑相连成片，叶片正面布满白粉。发病后期白粉层上陆续生出先变黄色、后变黄褐色、最后变为黑褐色的颗粒状子实体（闭囊壳）。秋季叶片焦枯，不但影响树木生长，而且受害叶片秋天不能变红，影响观赏红叶。

病原：病原菌为子囊菌亚门、钩丝壳属、漆树钩丝壳菌。

发病规律：病原菌以闭囊壳在落叶上或附着在枝干上越冬，也有以菌丝在枝上过冬的。翌年 5~6 月当气温达 20 ℃，雨后湿度较大时，闭囊壳开裂，放出子囊孢子，子囊孢子借风吹、雨溅等传播，多先从树冠下部的叶片开始萌发，最适温度为 25 ～ 30 ℃，子囊孢子萌发后，菌丝在叶片表面生长，以吸器插入寄主表皮细胞吸取营养，菌丝上不断生出分生孢子梗和分生孢子，借风、雨、昆虫等传播，多次进行再侵染。条件适宜时，造成病害大面积发生，7 ～ 8 月为发病盛期。多雨、郁闭、通风及透光较差时，病害发生严重。

4.1.4.2　月季白粉病

危害：月季白粉病危害月季、蔷薇、玫瑰、凤仙花等植物，发病严重时造成落叶、花蕾畸形，严重影响观赏效果。

症状：月季白粉病主要危害新叶和嫩梢，也危害叶柄、花柄、花托和花萼等。被害部位表面长出一层白色粉状物（即分生孢子），同时枝梢弯曲，叶片皱缩畸形或卷曲，上、下两面布满白色粉层，渐渐加厚，呈薄毡状。发病叶片加厚，为紫绿色，逐渐干枯死亡。发病严重时叶片萎缩干枯，花少而小，严重影响植株生长、开花和观赏。花蕾受害后布满白粉层，逐渐萎缩干枯。受害轻的花蕾开出的花朵呈畸形。幼芽受害不能适时展开，比正常的芽展开晚且生长迟缓。

病原：病原菌为子囊菌亚门、单囊壳属、蔷薇单囊壳菌。

发病规律：病原菌主要以菌丝在寄主植物的病枝、病芽及病落叶上越冬，也可以以闭囊壳越冬。翌春病菌随病芽萌发产生分生孢子，借风力大量传播、侵染，在适宜条件下只需几天的潜育期。一年当中 5 ～ 6 月及 9 ～ 10 月发病严重。该病在干燥、郁闭处发生严重。多施氮肥、栽植过密、光照不足、通风不良都加重该病的发生。滴灌和白天浇水能抑制病害的发生。

4.1.4.3 紫薇白粉病

危害：紫薇白粉病全国各地普遍发生。发病紫薇叶片干枯，影响树势和观赏效果。

症状：紫薇白粉病主要危害紫薇的叶片，嫩叶比老叶易感病，嫩梢和花蕾也能受害。叶片展开即可受到侵染，发病初期叶片上出现白色小粉斑，后扩大为圆形并连接成片，有时白粉覆盖整个叶片。叶片扭曲变形，枯黄脱落。发病后期白粉层上出现由白而黄，最后变为黑色的小粒点（闭囊壳）。

病原：病原菌为子囊菌亚门、小钩丝壳属、南方小钩丝壳菌。

发病规律：病原菌以菌丝体在病芽或以闭囊壳在病落叶上越冬，粉孢子由气流传播，生长季节多次再侵染。该病害主要发生在春、秋两季，以秋季发病较为严重。

4.1.4.4 大叶黄杨白粉病

危害：自幼苗到生长期均可发病，病害分布范围广。被害植株叶片布满白色粉状霉层物，严重时叶片皱缩畸形，影响正常生长。

症状：大叶黄杨易受白粉病危害的是嫩叶和新梢，其最明显的症状是在叶面或叶背及嫩梢表面布满白色粉状物，后期渐变为白灰色毛毡状。严重时叶卷曲，枝梢扭曲变形，甚至枯死。

病原：病原菌为半知菌亚门、粉孢霉属真菌。

发病规律：病原菌以菌丝体在被害组织内和产生的灰色膜状菌层越冬，翌年春在展叶和生长期产生大量的分生孢子，通过气流传播。秋季凉爽多雨时发病较多，栽植于树荫下的大叶黄杨发病重，向阳的植株发病轻或不发病。嫩叶、新梢发病重，老叶发病轻。不及时修剪或枝叶过密的大叶黄杨发病较重。

白粉病类的防治措施：

（1）栽培措施：加强栽培管理，改善环境条件。消灭越冬病菌，秋、冬季节结合修剪，剪除病弱枝，并清除枯枝落叶等集中烧毁，减少初侵染来源。

（2）化学防治：休眠期喷洒 3~5 波美度的石硫合剂，消灭病芽中的越冬菌丝或病部的闭囊壳。发病初期喷施质量分数为 15% 的三唑酮可湿性粉剂 1 500~2 000 倍液、质量分数为 40% 的福星乳油 8 000~10 000 倍液或质量分数为 45% 的特克多悬浮液 300~800 倍液。

4.1.5 锈病类

4.1.5.1 玫瑰锈病

危害：玫瑰锈病为玫瑰、月季的一种常见和危害严重的病害。受害叶早期脱落，影响植株生长和开花，是影响玫瑰生产的重要因素。

症状：玫瑰的地上部分均可受害，玫瑰锈病主要危害叶和芽。春天新芽上布满鲜黄色的粉状物；叶片正面有褪绿的黄色小斑点，叶背面有黄色粉堆（夏孢子和夏孢子堆）；秋末叶背出现黑褐色粉状物，即冬孢子和冬孢子堆。

病原：病原菌为担子菌亚门、多胞锈属真菌。

发病规律：病原菌以菌丝体在芽内和以冬孢子在发病部位及枯枝落叶上越冬。玫瑰锈病为单主寄生。翌年玫瑰芽萌发时，冬孢子萌发产生担孢子，侵入植株幼嫩组织，4月下旬出现明显的病芽，在嫩芽、幼叶上呈现橙黄色粉状物，即锈孢子。

5月间玫瑰花含苞待放时开始在叶背出现夏孢子。夏孢子借风、雨、昆虫等传播，进行第一次再侵染。条件适宜时叶背不断产生大量夏孢子，进行多次再侵染，造成病害流行。发病适温在15～26℃，6月、7月和9月发病最为严重。四季温暖、多雨、空气湿度大为病害流行的主要因素。

4.1.5.2　毛白杨锈病

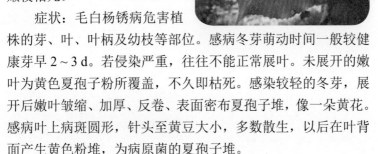

危害：毛白杨锈病主要危害幼苗和幼树。严重发病时，部分新芽枯死，叶片局部扭曲，嫩枝枯死。

症状：毛白杨锈病危害植株的芽、叶、叶柄及幼枝等部位。感病冬芽萌动时间一般较健康芽早2～3 d。若侵染严重，往往不能正常展叶。未展开的嫩叶为黄色夏孢子粉所覆盖，不久即枯死。感染较轻的冬芽，展开后嫩叶皱缩、加厚、反卷、表面密布夏孢子堆，像一朵黄花。感病叶上病斑圆形，针头至黄豆大小，多数散生，以后在叶背面产生黄色粉堆，为病原菌的夏孢子堆。

病原：病原菌为担子菌亚门、栅锈菌属真菌。

发病规律：病原菌以菌丝体在冬芽和枝梢的溃疡斑内越冬。春季，受侵冬芽开放时，形成大量夏孢子堆，成为当年侵染的主要来源。嫩梢病斑内的菌丝体也可越冬形成夏孢子堆。夏孢子萌发后，可直接穿透角质层侵入寄主。2个月以上的老熟叶片一般不受感染。北京地区，4月上旬病芽开始出现，5～6月为发病高峰期，7～8月病害发展平缓，8月下旬以后又形成第二个高峰期。10月下旬以后，病害停止发展。

4.1.5.3　草坪草锈病

危害：草坪草锈病是世界各地草坪草上普遍发生的常见病害。发生严重时降低草坪使用价值和观赏效果。

症状：草坪草锈病主要发生在结缕草的叶片上，发病严重时也侵染草茎。早春叶片展开时即可受侵染。发病初期叶片上下表皮均可出现疱状小点，逐渐扩展形成圆形或长条状的黄褐色病斑，稍隆起。发病严重时叶片变黄、卷曲、干枯，草坪景观被破坏。

病原：病原菌为担子菌亚门、柄锈菌属真菌。

发病规律：病原菌以菌丝体或夏孢子在病株上越冬。河北省的细叶结缕草5~6月叶片上出现褪绿色病斑，发病缓慢，9~10月发病严重，草叶枯黄，9月底10月初产生冬孢子堆。病原菌生长适温为17~22 ℃，空气相对湿度在80%以上有利于侵入。光照不足、土壤板结、土质贫瘠、偏施氮肥的草坪发病重。病残体多的草坪发病重。

4.1.5.4 梨（苹果）锈病

危害：梨锈病又名赤星病、羊胡子，是梨树重要病害之一，危害叶片和幼果，造成早落，影响产量和品质。另外，其他果树如山楂、沙果、贴梗海棠等也有锈病发生。

症状：梨锈病主要危害叶片和新梢，严重时也能危害果实。梨锈病的诊断要点可以概括为"病部橙黄、肥厚肿胀、初生红点渐变黑、后长黄毛细又长"。幼叶正面形成近圆形的橙黄色病斑，直径4~8 mm，有黄绿色晕圈，表面密生橙黄色黏性小粒点，潮湿时小粒点上溢出淡黄色黏液，黏液干燥后黄色小粒点变成黑色，向叶背凹陷，并在叶背长出多条灰黄色毛状物。幼果被害初期与叶片症状相似，后期病部长出锈孢子器，发病严重时果实畸形并早期脱落。新梢、果梗与叶柄被害后，病部龟裂，易折断。梨（苹果）锈病转主寄主桧柏后，起初在针叶、叶腋或小枝上出现淡黄色斑点，后稍隆起。在次年3月份，逐渐突破表皮露出单个或数个红褐色圆锥形的角状物。春雨后，冬孢子角吸水膨胀，呈橙黄色胶质花瓣状。

病原：引起梨锈病的是梨胶锈菌，引起苹果锈病的是山田胶锈菌，它们都属于担子亚门、胶锈菌属的真菌。

发病规律：病原菌以多年生菌丝体在桧柏病变组织中越冬。第二年春形成冬孢子角，雨后吸水膨胀，冬孢子开始萌发产生担孢子；担孢子借风力一般可传播到 1.5～5.0 km 外（有效距离）的苹果或梨树上，在适宜的条件下萌发，直接穿透寄主表皮，引起梨树叶片和果实发病，产生性孢子和锈孢子；锈孢子不能再危害梨树，只能侵害转主寄主桧柏的嫩叶和新梢，并在桧柏上越冬，因而无再侵染。

锈病类的防治措施：

栽培管理：在林业设计及定植时，避免海棠、苹果、梨等与桧柏、龙柏混栽。结合园圃清理及修剪，及时将病枝芽、病叶等集中烧毁，以减少病原。加强管理，降低湿度，注意通风透光或增施钾肥和镁肥，提高植株的抗病力。

化学防治：3～4 月冬孢子角胶化前在桧柏上喷洒 1∶2∶100 倍的石灰倍量式波尔多液，或质量分数为 50% 的硫悬浮液 400 倍液抑制冬孢子堆遇雨膨裂产生担孢子。发病初期可喷洒质量分数为 15% 的三唑酮可湿性粉剂 1 000～1 500 倍液，每 10 日一次，连喷 3～4 次；或用质量分数为 12.5% 的烯唑醇可湿性粉剂 3 000～6 000 倍液、质量分数为 10% 的世高水分散粒剂稀释 6 000～8 000 倍液、质量分数为 40% 的福星乳油 8 000～10 000 倍液喷雾防治。

4.1.6 煤污病类

煤污病

危害：煤污病又称煤烟病，可危害国槐、柳树、白玉兰、牡丹、蔷薇、夹竹桃、木槿、紫薇等，影响光合作用、降低观赏价值和经济价值，甚至引起死亡。

症状：在叶面、枝梢上形成黑色小霉斑，后扩大连片，使整个叶面、嫩梢上布满黑霉层。由于煤污病菌种类很多，同一植物上可染上多种病菌，其症状上也略有差异，呈黑色霉层或黑色煤粉层是该病的重要特征。

病原：病原菌为多种腐生菌和寄生菌。常见的有小煤炱菌属真菌和煤炱菌属真菌。小煤炱菌属于子囊菌亚门，为高等植物上的专性寄生菌。煤炱菌属于子囊菌亚门，为腐生菌，主要依靠蚜虫、介壳虫的分泌物生活。

发病规律：煤污病病原菌以菌丝体、分生孢子、子囊孢子在病部及病落叶上越冬，翌年孢子由风雨、昆虫等传播。寄生到蚜虫、介壳虫等昆虫的分泌物、排泄物上，植物自身分泌物上或寄生在寄主上发育。高温多湿、通风不良、蚜虫、介壳虫等分泌蜜露害虫发生多，均可加重发病。其发病盛期为春秋季节。

煤污病类的防治措施：

对寄主植物进行适度修剪，通风透光，降低湿度。在植物休眠季节喷洒 3～5 波美度的石硫合剂，杀死越冬的菌源。喷洒杀虫剂防治蚜虫、介壳虫等害虫，减少其排泄物或蜜露。

4.1.7 炭疽病类

4.1.7.1 泡桐炭疽病

危害：泡桐炭疽病是泡桐苗期的主要病害，泡桐叶片、叶柄、嫩茎均可受害，分布广泛，实生苗和根分蘖苗易感病，发病严重时常使泡桐播种育苗遭受毁灭性的损失。

症状：实生苗长出 1～2 对真叶时开始发病，叶片受害后有点状褪绿现象，后逐渐扩大呈褐色圆形病斑，叶片皱缩、畸形。茎和叶柄上的病斑呈椭圆形，凹陷状，在潮湿的气候条件下，病斑内长出许多小黑点，后突破表皮散出粉红色胶状孢子堆。严重时病斑连片，造成大量落叶，茎部干缩枯死。

病原：病原菌为胶孢炭疽菌，属于半知菌亚门、腔孢纲、黑盘孢目、炭疽菌属。

发病规律：该病原菌以菌丝体在病组织内越冬。翌年4～5月条件适宜时产生新的分生孢子，经风雨传播，进行初次侵染。在苗木生长季节中，病原菌可进行再侵染。在发病季节，遇有高温多雨，容易发病；积水、排水不良、苗木栽植过密，通风透气不良也易发病；育苗技术和苗圃管理粗放，树势衰弱有利于病害发生。

4.1.7.2 葡萄炭疽病

危害：葡萄炭疽病又名葡萄软腐病，是葡萄近成熟期的重要病害，主要危害果实，叶片、新梢、穗轴、卷须较少发生，全国各地均有分布，发病严重年份造成果实大量腐烂。

症状：果实大多在着色后接近成熟时开始发病，病果表面出现圆形、稍凹陷、浅褐色病斑，病斑表面密生黑色小点粒（分生孢子盘），天气潮湿时，分生孢子盘中可排出绯红色的黏状物（孢子块），后病果逐渐干枯，最后变成僵果。病果粒多不脱落，整穗僵葡萄仍挂在枝蔓上。

病原：病原菌为胶孢炭疽菌，属于半知菌亚门。有性态为子囊菌亚门的围小丛壳属真菌。

发病规律：病原菌以菌丝体在树体上潜伏于皮层内越冬，枝蔓节部周围最多，翌年5～6月后，气温回升至20℃以上，形成大量孢子。病菌孢子借风雨传播，通过果皮上的小孔侵入幼果表皮细胞，经过 10～20 d 的潜育期便可出现病斑，此为初次侵染。病原菌也可侵入叶片、新梢、卷须等组织内，但不表现病斑，外观看不出异常表现，此为潜伏侵染，这种带菌的新梢将成为下一年的侵染源。葡萄近成熟时，遇到多雨天气进入发病盛期。病果可不断地释放分生孢子，反复进行再侵染，引起病害的流行。多雨高湿，温度适宜是该病流行的主要原因；地势低洼、排水不良、地下水浅、土壤黏重的果园发病较重；管理粗放，清扫果园不彻底，架面上病残体多的果园发病重；株行距过密，留枝量过大，通风透光较差，田间小气候湿度大的果园发病重。

4.1.7.3　大叶黄杨炭疽病

危害：大叶黄杨炭疽病是大叶黄杨常见的病害之一，主要危害叶片，造成植株无法正常生长，叶片提早脱落，严重降低观赏效果。

症状：发病初期叶片出现水渍状黄褐色小点，病、健交界不明显，以后病斑扩大，后期发病部位变黄，病斑上出现小黑点（即分生孢子盘），排列成明显或不明显的轮纹状，常常造成叶枯，提早落叶。

病原：病原菌属于半知菌亚门、腔孢纲、黑盘孢目、黑盘孢科、黑盘孢属。

发病规律：以分生孢子盘在病残体及土壤中越冬，也可以分生孢子和菌丝体在植株病组织上越冬。翌年春末分生孢子借昆虫和风雨传播，从气孔或伤口侵入，黄杨生长期可受到多次再侵染，每年以夏、秋季节发病最重。一般在伤口较多、植株过密、通风不良、氮肥过量、植株生长细弱的情况下病情加重。

4.1.7.4　白玉兰炭疽病

危害：白玉兰炭疽病主要危害白玉兰叶片，是白玉兰常见病害之一。

症状：多从叶尖或叶缘开始产生不规则状病斑，或于叶片表面着生近圆形的病斑。病斑初期呈褐色水渍状，表面着生有黑色小颗粒，边缘有深褐色隆起线，与健康部位界限明显。

病原：病原菌属于半知菌亚门、炭疽菌属、胶孢炭疽菌。

发病规律：病原菌以菌丝体在树体上或落叶上越冬，翌年春天产生分生孢子，借风、雨水传播到植株上，孢子在水滴中萌发，侵入叶片组织，引发病害。夏季高温、高湿期为发病高峰期。植株水肥管理不到位，高温多雨密不通风，长势衰退时极容易发生此病。

炭疽病类的防治措施：

林业技术措施：选育抗病品种，避免从重病区调运种苗。冬、春季彻底清除病枝、病果、病叶，减少初侵染来源。在生长季节，及时摘除病叶，剪去病梢集中烧毁。刮去枝干上的病斑并涂药保护。

化学防治：当新叶展开、新梢抽出后，喷洒质量分数为1%的等量式波尔多液；发病初期喷施质量分数为70%的炭疽福美可湿性粉剂、质量分数为75%的百菌清可湿性粉剂500～600倍液、质量分数为70%的甲基托布津可湿性粉剂800倍液，每隔7～10 d喷1次，连续喷3～4次，可交替或混合用药。在温室内可以使用质量分数为45%的百菌清烟剂，每100 m^{2}用药40 g。

4.1.8　缺铁性黄化病类

缺铁性黄化病

危害：缺铁性黄化病主要危害叶片，可发生在多种果树和园林植物上，如海棠、苹果、梨、玉兰、女贞、杜鹃等。

症状：缺铁性黄化病主要为新梢上部叶片褪绿黄化，渐变为象牙白色，叶脉仍保持绿色，严重时叶脉也自端部起逐渐褪绿，最后自尖端起逐渐变为褐色干枯，一般树冠下部叶片仍保持正常的绿色。

病原：该病为侵染性病害，由缺铁造成。

发病规律：盐碱土或石灰质过多的土壤容易发生黄叶病，特别是碱性土壤水分过多时发病严重。一般早春、初夏症状较明显，雨季到来之后症状常缓解甚至消失。土壤黏重，排水差，地下水位高的低洼地，春季多雨，入夏后急剧高温干旱，均易引起缺铁黄化。幼苗因根系浅，吸水能力差，易发生黄化病。

缺铁性黄化病类的防治措施：

花圃和栽植地应选择地势平缓、排水良好、疏松肥沃、pH 值不大于 7 的土壤。苗圃区内土壤黏重、排水不良，应掺沙改土，开挖排水沟。增施有机肥，改良土壤。植株发病后，叶面喷洒质量分数为 0.5% 的硫酸亚铁溶液或其他有机铁肥，视病情喷洒 2～3 次，每隔 10 日喷 1 次，直至新叶症状消失。

4.1.9 花叶病毒病类

杨树花叶病毒病

危害：杨树花叶病毒病是一种世界性病害，发病后很难防治。病叶较正常叶短 1/2，且氮、磷、钾含量明显降低。幼苗生长受阻，幼树生长量至少降低 30%。

症状：杨树花叶病毒病初期于 6 月上、中旬在有病植株下部叶片上出现点状褪绿，常聚集为不规则少量橘黄色斑点，至 9 月份，从下部到中上部叶片呈明显症状：边缘褪色发焦，沿叶脉为晕状，叶脉透明，叶片上小支脉出现橘黄色纹，或叶面布有橘黄色斑点；主脉和侧脉出现紫红色坏死斑（也称枯斑）；叶片皱缩、变厚、变硬、变小，甚至畸形，提早落叶。叶柄上

也能发现紫红色或黑色坏死斑点，叶柄基部周围隆起。顶梢或嫩茎皮层常破裂，发病严重时植株枝条变形，分枝处产生枯枝，树木明显生长不良。高温时叶部隐症。

病原：病毒粒子线条状，（600～1 000）μm×（10～14）μm，核衣壳为螺旋状，无包膜。

发病规律：杨树花叶病毒病主要是靠杨树无性繁殖或嫁接侵染传播，用摩擦产生的汁液接种也能使一些杨树发病。该病毒有耐高温的特性，致死温度为75～80 ℃，体外存活时间不超过7 d。在杨树体内为系统感染，杨树的所有组织如形成层、韧皮部和木质部等均可遭受侵染，发病后难以防治。

花叶病毒病类的防治措施：

林业技术措施：淘汰有毒的块茎。秋天挖掘块茎时，把地上部分有花叶病症状的块茎弃去；生长季节发现病株应立即拔除销毁，清除田间杂草等野生寄主植物；用美人蕉布景时，不要把美人蕉和其他的寄主植物如唐菖蒲、百合等混合配置。

防治传毒蚜虫：可以定期喷吡虫啉等杀虫剂。

4.2 枝干病害

4.2.1 枯萎病类

4.2.1.1 合欢枯萎病

危害：合欢树枯萎病为系统性传染病，是合欢树上的一种毁灭性病害。该病在幼树、大树上均可发生，1年生苗发病少，3～5年生树发病多而严重，生长势弱的植株发病多，发病速度快，易枯死。

症状：发病植株叶片首先变黄、萎蔫，最后叶片脱落。发病植株可一侧枯死或全株枯萎死亡。纵切病株木质部，其内变成褐色。夏季树干粗糙，病部皮孔肿胀，可产生黑色液体，并产生大量分生孢子座和分生孢子。

病原：病原菌为半知菌亚门、镰刀菌属的尖镰孢菌的一个变种。

发病规律：病原菌以土壤带菌并传播，从伤口侵入。高湿、多雨季节发病严重；土质黏重、地势低洼、排水不良，积水地易发病；在草坪中种植的合欢，易受草坪中镰刀菌根腐病病原菌的交叉感染，发病较多；移栽或修剪等管理过程中造成的伤口会增加镰刀菌侵染机会，使植株发病；管理过程中，忽干忽湿、缺肥少水、大水漫灌、排水不及时等均会影响植株生长、降低抗病力而加重发病。

4.2.1.2 黄栌枯萎病

危害：黄栌枯萎病为黄栌树种的一种系统侵染的毁灭性病害。自20世纪80年代开始，北京、青岛、济南等地的黄栌开始出现枯萎病现象。如今，全国范围内该病呈现出扩散的态势，被感染植株逐年增加，严重威胁着深秋黄栌红叶景观。

症状：叶片萎蔫，一种是叶片从边缘向内逐渐变黄，叶脉仍保持绿色，部分或大部叶片脱落。还有一种是初期叶片不失绿，叶片失水萎蔫，自叶缘向内干缩、卷曲，后期才变焦枯。根、枝的横切面边材部可见褐色条纹。花序萎蔫干枯，花梗皮下可见褐色病残。

病原：病原菌为半知菌亚门的大丽轮枝孢菌。

发病规律：黄栌枯萎病病菌在土壤中的植物残体中至少可存活2 d，从黄栌根部直接侵入或从伤口侵入。土壤中病菌愈多，发病愈严重。种植在含水量低的土壤中的树木以及边材含水量低的树木，萎蔫程度和边材变色的量都有所增加。过量的氮会加重病害，而增施钾肥可缓解病情。

4.2.1.3　紫荆枯萎病

危害：紫荆枯萎病在紫荆栽培区均有不同程度的发生，使紫荆叶片逐渐枯萎、脱落，并可造成枝条甚至整株枯死。

症状：叶片多从病枝顶端开始出现发黄、脱落，一般先从个别枝条发病，后逐渐发展至整丛枯死。剥开树皮，可见木质部有黄褐色纵条纹，其横断面可见到黄褐色轮纹状坏死斑。

病原：病原菌为半知菌亚门、镰刀菌属真菌。

发病规律：紫荆枯萎病由地下伤口侵入植株根部，破坏植株的维管束组织，沿导管蔓延到植株顶端，造成植株萎蔫，最后枯萎死亡。病原菌可在土壤中或病株残体上越冬，存活时间较长，主要通过土壤、地下害虫、灌溉水传播，一般6～7月发病较重。

4.2.1.4　金叶女贞枯萎病

危害：金叶女贞枯萎病对金叶女贞是一种毁灭性病害，一旦发生，植株几乎全部死亡。

症状：叶片萎蔫下垂，叶片失去光泽，逐渐失绿至叶片枯黄，直至整个植株枯死，地下部分表现为须根枯死。

病原：病原菌为半知菌亚门的尖孢镰刀菌。

发病规律：病原菌在土壤、病残体内越冬，由地下根侵入，经过维管束扩散到植物各部分，并在维管束内增殖造成堵塞或中毒，引起植物萎蔫直至枯死。病原菌侵染根后，使养分和水分的输导功能丧失，从而使植株营养缺乏，继而死亡。高温、高湿有利于病害的发生，因此，金叶女贞枯萎病发病高峰期在每年的6~8月，并一直延续至10月。

枯萎病类的防治措施：

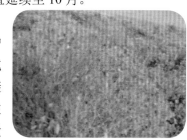

林业技术措施：加强养护管理，增强树势，提高植株抗病能力，科学施肥、灌水，避免使用未腐熟肥料；苗圃地注意轮作，或在播种前条施质量分数为70%的五氯硝基苯粉剂每亩1.5~2.5 kg。及时剪除枯死的病枝、病株，集中烧毁，并用质量分数为70%的五氯硝基苯或质量分数为3%的硫酸亚铁消毒处理。发病严重的苗圃，应进行土壤消毒，及时除去重病株，并用少量质量分数为10%的五氯硝基苯粉剂消毒，或用质量分数为2%的硫酸亚铁水溶液浇灌，以浸湿周围土壤为宜。

药剂防治：可用质量分数为50%的福美双可湿性粉剂200倍液、质量分数为50%的多菌灵可湿粉剂400倍液，或用抗霉菌素120水剂100 mg/kg药液灌根。幼苗发病初期，用质量分数为50%的代森铵水剂300倍液，或质量分数为2%的硫酸亚铁水溶液浇灌，以药液润湿土层10 cm左右为宜。

4.2.1.5 松材线虫病

危害：松材线虫是造成我国森林资源损失最为严重的重大外来有害生物，松材线虫病属于国家重大生态灾害。松材线虫破坏力极强，松树一旦感染40 d左右死亡，松林染病后病情发展迅速，从染病到毁灭只需3~5年时间，目前尚无有效的药物可治，被称为松树的"癌症"。1982 年，松材线虫病在我国江苏省南京市的中山陵首次发现，目前在全国 18 个省的 588 个县级行政区发生，每年造成的直接经济损失和生态服务价值损失达上百亿元。2018 年秋季各地统计数据显示，全国松材线虫病发生面积 974 万亩，病死树 1 066 万株，呈现大幅增加趋势。

症状：松材线虫通过松褐天牛补充营养的伤口进入木质部，寄生在树脂道中大量繁殖，逐渐遍及全株，并导致树脂道薄壁细胞和上皮细胞的破坏和死亡，造成植株失水，蒸腾作用降低，树脂分泌急剧减少和停止。所表现出来的外部症状是针叶陆续变为黄褐色至红褐色，萎蔫，最后整株枯死。病死木的木质部往往由于蓝变菌的存在而呈现蓝灰色。

病原：由松材线虫引起，属于线形动物门、线虫纲、垫

刃目、滑刃科线虫。

发病规律：病害发展过程分 4 个阶段，一是外观正常，树脂分泌减少，蒸腾作用下降，在嫩枝上往往可见天牛啃食树皮的痕迹；二是针叶开始变色，树脂分泌停止，除见天牛补充营养痕迹外，还可发现产卵刻槽及其他甲虫侵害的痕迹；三是大部分针叶变为黄褐色，萎蔫，可见到天牛及其他甲虫的蛀屑；四是针叶全部变为黄褐色至红褐色，病树整株干枯死亡。此时树体一般有许多次生害虫栖居。松材线虫病的发生与流行与寄主树种、环境条件、媒介昆虫密切相关。传播途径：一是自然传播。通过媒介昆虫携带松材线虫传播到邻近的松树。二是人为传播。带有松材线虫和传播媒介的病材、病枝及其加工品等通过人工、运输工具等搬运到另一地区。这种传播方式不受自

然屏障限制，而且速度快，是最主要也是最危险的传播方式。我国发现能携带松材线虫的昆虫种类有5种：松褐天牛（主要传播媒介）、小灰长角天牛、台湾长角天牛、松纵坑切梢小蠹和黑翅土白蚁。

松材线虫病的防治措施：

检疫：一般可分两步进行，第一步通过直观对木材松脂分泌量、蓝变现象、含水率和天牛危害症状进行初步判断。病树一般松脂分泌量少或无，病松材截面通常部分或全部变为蓝色，病材通常比健材轻（含水量小），有明显的天牛危害状。第二步是用直径约3 cm的麻花钻，取木屑或用刀削木片，至少5 g，剪碎后用贝尔曼漏斗法或浅盆法分离线虫。如发现幼虫，可用灰葡萄孢霉等真菌培养，获得成虫后再进行鉴定。

清理和处理林间病死树，因地制宜进行林分改造：在每年12月底前清理病死木、枯死木（包括濒死木、衰弱木、被压木等），将木段、粗枝条、直径1 cm以上的枝丫集中装入编织袋搬运到烧毁地点，统一烧毁。

利用多种措施防治媒介天牛：如在空中与地面喷药防治天牛成虫，熏蒸杀灭天牛幼虫，在林间挂设松墨天牛诱捕器，释放管氏肿腿蜂、白僵菌等生物防治方法。

药剂抑制树体内松材线虫繁殖：对于风景区的观赏树种或名贵树种，可用树干注射或根施的方法杀线虫剂抑制树体内的松材线虫繁殖。

选用抗病树种：利用抗病品种是此病较为理想的防治方法。试验证明，我国的雪松、火炬松比较抗病，日本黑松最为感病，因此，在日本黑松为主的疫区，应考虑更新树种，减少损失。

4.2.2 腐烂、溃疡病类

4.2.2.1 杨树烂皮病

危害：杨树烂皮病危害杨树干枝，引起皮层腐烂，导致造林失败和林木大量枯死。该病除危害杨树外，也危害柳树、榆树、槐树等其他树种。

症状：杨树烂皮病主要危害枝干和枝条。表现为枯梢型和干腐型两种症状类型。枯梢型主要发生在幼树及大树的小枝上。小枝发病后迅速死亡。溃疡症状不明显，但后期可长出橘红色分生孢子角，后期死亡枝上可长出黑色点状的壳。干腐型为常见症状类型，主要发生在主干和侧枝上。发病后病部皮层腐烂变软，初期病部水肿状，暗褐色，过一段时间后，病部失水下陷，有时发生龟裂。后期病斑可产生许多针头状小突起，即病菌的分生孢子器，潮湿或雨水天气，在病部可产生橙黄色或橘红色卷丝状的分生孢子角。病斑边缘明显，黑褐色。病部发病严重时，皮层腐烂，纤维组织分离如麻状，与木质部容易脱离。

病原：病原菌为子囊菌亚门、黑腐皮壳属的污黑皮壳，其无性阶段为半知菌亚门、壳囊孢属的金黄色壳囊孢。

发病规律：病菌以菌丝、分生孢子器和子囊壳在病组织中越冬。越冬孢子借风雨、昆虫等媒介传播。病菌从各种伤口或死亡组织侵入寄主，潜育期 6～10 d。温度 10～15 ℃、相对湿度 60%～80%，有利于该病发生。该病原菌为半活养生物，只能危害濒临死亡的树皮组织和生长状态衰弱的树木，生长不良的树木发病较重。

4.2.2.2 杨树溃疡病

危害：杨树溃疡病又称水泡性溃疡病，主要危害杨树的枝干，从苗木、幼树到大树均可侵害，但以苗木、幼树受害最重，造成枯梢或全株枯死。除危害杨树外，杨树溃疡病还可危害柳树、槐树和刺槐等。

症状：病害主要发生在主干和小枝上。症状表现为溃疡型和枯斑型两种类型。溃疡型发病时树皮上出现直径 1 cm 的水泡，为圆形或椭圆形，颜色与树皮相近，水泡质地松软，泡内充满褐色臭味液体，破裂后液体流出，水泡处形成近圆形的凹陷枯斑。枯斑型树皮上先出现水渍状近圆形病斑，近红褐色，稍隆起，病斑可环绕树干，致使上部枝梢枯死。发病部位产生小黑点。

病原：病原菌的无性阶段是半知菌亚门的聚生小穴壳菌。

发病规律：病原菌以菌丝体在病树皮内越冬，3 月下旬开始发病，4 月中旬至 5 月上旬为发病盛期，5 月中旬后病害逐渐缓慢，至 6 月初基本停止，10 月份病虫害又有发展。据观察病菌在 12 月上旬侵入寄主，并潜伏于寄主体内，在寄主生理失调时表现出症状。杨树皮膨胀度大于 80% 时不易感染溃疡病，杨树皮膨胀度小于 75% 时易感染溃疡病且发病严重。在起苗、运输、栽植等生产过程中，创伤苗木有利于病害侵入。

4.2.2.3 刺槐干腐病

危害：刺槐干腐病危害幼树至大树的枝干，引起枝枯或整株枯死。

症状：幼树干基发病时，病部凹陷，形成溃疡斑，流出褐色液体，有恶臭味，病斑围树干一周时，全株死亡。大树发病时，树皮粗糙，外观症状不明显，但树皮内部已变色腐烂，有臭味，木质部变为褐色至黑褐色，病斑绕树干一周时上部死亡。发病部位常有大量橘红色的病菌分生孢子堆。

病原：病原菌为肉桂疫霉菌、属鞭毛菌亚门、卵菌纲、霜霉目真菌。

发病规律：地下害虫的伤口是侵染主要途径。病原菌在土壤中生存，喜潮湿，从各种伤口处侵入树干基部，因此雨量大，土壤湿度高，低洼积水，机械伤、虫伤、自然创伤多时发病严重，生长不良、林分过密，人为活动频繁等病害也重。病害盛发期在5～9月。

腐烂、溃疡病类的防治措施：

（1）林业技术措施：适地适树，随起随栽，严禁假植期过长，缩短运输期。在起苗、运输、假植、栽植等生产过程中，尽量减少树干创伤。栽植后及时浇透水，保证栽植苗成活，减少病害。重视苗木来源，严格检疫，清除病枝干。

（2）药剂防治：发病时可选用甲基托布津、代森锰锌、多菌灵等内吸性药剂，结合渗透剂等助剂进行喷雾防治。

4.2.3 破腹病类

毛白杨破腹病

危害：破腹病严重影响林木生长和树势，并可导致蛀干害虫的侵害和枝干病害大发生。

症状：毛白杨破腹病主要发生在树干基部和中部，纵裂长度不一，宽度1～3 cm，露出木质部。裂缝初形成时，表现为机械伤。春季3月树木萌动后，逐渐产生愈合组织，但多数不能完全愈合。当树液流动时，树液从裂缝伤口流出，逐渐变为红褐色黏液，并有异臭味。

病原：毛白杨破腹病是毛白杨干部的一种生理性病害，即非生物因素（非侵染性）引起的病害。

发病规律：毛白杨破腹病是在冬季低温条件下，当昼夜温差急剧变化，温度大时，树干外部比内部收缩快，内部产生了极大的应力，出现了力的不平衡变化，当这种引力超过组织强度时，产生了裂缝，即为冻裂。

毛白杨破腹病的裂缝发生在12月中、下旬至1月，冻裂产生的方向大部分集中在树干的西南向及南向，病害部位在树干 2 m 以下为多。由于树干的西南向、南向受日照时间长，温度变化大，当温度骤然下降时，易造成树干外部开裂。病株阳坡高于阴坡，林缘高于林内。

破腹病类的防治措施：

采取适地适树营造毛白杨林；加强抚育管理，提高树木的抗逆性；秋冬季节采用树干涂白能收到良好的效果。

4.2.4　枝枯病类

4.2.4.1　核桃枝枯病

危害：核桃枝枯病主要危害枝条，尤其是 1～2 年生枝条易受害，造成枯枝和枯干，严重时造成大量枝条枯死，核桃产量下降。

症状：枝条染病先侵入顶梢嫩枝，后向下蔓延至枝条和主干，枝条皮层初呈暗灰褐色，后变成浅红褐色或深灰色，并在病部形成很多黑色小颗粒，即病原菌分生孢子盘。染病枝条上的叶片逐渐变黄后脱落。湿度大时，从分生孢子盘上涌出大量黑色短柱状分生孢子，如遇湿度增高则形成长圆形黑色孢子团块，内含大量孢子。

病原：病原菌为半知菌亚门、腔孢纲、黑盘孢目（科）、黑盘孢属的胡桃黑盘孢。

发病规律：病原菌主要以分生孢子盘或菌丝体在枝条、树干病部越冬。翌年条件适宜时，分生孢子借风雨或昆虫传播蔓延，从伤口侵入。该病原菌属于弱寄生菌，生长衰弱的核桃树或枝条易染病，春旱或遭冻害年份发病重。

4.2.4.2　月季枝枯病

危害：月季枝枯病又称月季根茎溃疡病，是世界性病害，主要危害月季和玫瑰，可引起月季枝条干枯，甚至引起全株枯死。

症状：病害主要发生在枝干和嫩茎部，发病部位出现苍白、黄色或红色的小点，后扩大为椭圆形至不规则形病斑，中央浅褐色或灰白色，边缘清晰呈紫色，后期病斑下陷，表皮纵向开裂，病斑上着生许多黑色小颗粒，即病原菌的分生孢子器。发病严重时，病斑常可环绕茎部一周，引起病部以上部分变褐枯死。

病原：病原菌为伏克盾壳霉，又名蔷薇盾壳霉，属于真菌半知菌亚门、腔孢纲、球壳孢目、盾壳霉属。

发病规律：病原菌以菌丝和分生孢子器在枝条的病组织内越冬，翌年春天，在潮湿条件下，分生孢子器内的分生孢子大量涌出，借风雨和浇灌水滴的飞溅传播，成为初侵染来源。病菌通过休眠芽或伤口侵入寄主。修剪、嫁接以及枝条摩擦、昆虫危害等造成的伤口是病菌侵入的主要途径。管理不善、过度修剪、肥料不足、树势衰弱则发病严重。

枝枯病类的防治措施：

（1）林业技术措施：及时剪除弱病枝并拔除病株，集中烧毁。修剪时选择晴天，用质量分数为1%的硫酸铜液消毒，再用波尔多液（1∶1∶15）或其他保护剂涂抹伤口。

（2）药剂防治：在生长期可用质量分数为50%的多菌灵、质量分数为50%的退菌特或用质量分数为0.1%的代森锌与质量分数为0.1%的苯来特混合液喷洒。

4.2.5　流胶病类

4.2.5.1　白蜡流胶病

危害：白蜡流胶病主要发生在树的主干，在城区栽植的白蜡易感染流胶病。早春树液开始流动时，此病发生较多，浇完返青水后流胶现象更为严重。树体流胶致使树木生长衰弱，叶片变黄、变小，严重时枝干或全株枯死。

症状：发病初期病部稍肿胀，呈暗褐色，表面湿润，后病部凹陷裂开，溢出淡黄色半透明树胶，流出的树胶与空气接触后变为红褐色，呈胶冻状。干燥后变为红褐色至茶褐色的坚硬胶块。

病原：病原菌为半知菌亚门真菌。

发病规律：冬季受冻害、夏季受日灼，以及病菌的侵染都是造成流胶的重要原因。一般分为生理性流胶，如冻害、日灼，机械损伤造成的伤口、蛀干害虫造成的伤口等，还有病菌侵染造成的侵染性流胶。

4.2.5.2　桃树流胶病

危害：桃树流胶病主要发生在枝干上。由于流胶的发生，树木生长衰弱，影响开花和观赏，发生严重时，可引起部分枝枯，甚至全株死亡。除桃外，该病还可危害碧桃、梅花、樱花、李、杏等。

症状：枝干受害，病部稍肿胀，早春树液开始流动时，从病部流出半透明的黄色树胶，雨后流胶现象更为严重。流出的树胶与空气接触后变为红褐色，呈胶冻状，干燥后变为红褐色至茶褐色的坚硬胶块。病部树皮粗糙、龟裂，不易愈合，容易成为红颈天牛的产卵场所。

病原：流胶病的致病原因主要有非侵染性危害和侵染性危害两大类。非侵染性危害是一种常见的生理性病害，凡是阻碍树体正常生长发育的各种情况，如日灼、冻害、病虫害、雹害、药害、机械损伤、水分过多或不足、施肥不当、修剪过重、结果过多、土质黏重或土壤酸度过高等都可能造成桃树的流胶。侵染性危害主要是由子囊菌亚门的真菌感染引起。

发病规律：侵染性流胶的病原菌以菌丝体和分生孢子器在被害枝干部越冬，当次年气温在15 ℃左右时，病菌开始活动，病部溢出胶液，病菌分生孢子随着溢出的胶液，通过雨水和风传播，或顺着枝条流下，从皮孔、伤口侵入，成为新枝初次感病的主要菌源。生理性流胶在桃树的整个生长期间都能发生，但以梅雨、台风期等多雨季节发生最多。菌源、高湿或果园积水是该病发生的重要条件，在管理粗放、施肥不当、排水不良、土壤黏重、树势衰弱的果园更容易发生流胶病。树龄大的桃树流胶严重，幼龄树发病轻。蝽象危害是果实流胶的主要原因。

流胶病类的防治措施：

（1）林业技术措施：加强管理，增强树势。增施有机肥、疏松土壤，适时灌溉与排涝，及时浇返青水、封冻水，合理修剪，冬季防寒、夏季防日灼，树干涂白，避免机械损伤，使树体健壮，增强抗病能力。

（2）药剂防治：及早防治害虫，如吉丁虫、蚧虫、蚜虫、天牛等。早春树木萌动前喷3～5波美度石硫合剂，每10 d喷一次，连续喷两次，以杀死越冬病菌。发病期用质量分数为50%的多菌灵800～1 000倍液或质量分数为70%的甲基托布津800～1 000倍液与任意一种杀虫剂，如质量分数为20%的灭扫利乳油1 000倍液或质量分数为5%的氯氰菊酯乳油1 500倍液混配，进行树干涂药。

4.2.6 丛枝病类

4.2.6.1 泡桐丛枝病

危害：泡桐丛枝病也叫泡桐扫帚病，危害泡桐的树枝、干、根、花、果。一旦染病，在全株各个部位均可表现出受害症状。染病的幼苗、幼树常于当年枯死，大树感病后，常引起树势衰退，材积生长量大幅度下降，甚至死亡。

症状：常见的丛枝病有两种类型。一是丛枝型。发病开始时，个别枝条上大量萌发腋芽和不定芽，抽生很多的小枝，小枝上又抽生小枝，抽生的小枝细弱，节间变短，叶序混乱，病叶黄化，至秋季生成团，呈扫帚状，冬季

小枝不脱落，发病的当年或翌年小枝枯死，若大部分枝条枯死会引起全株枯死。二是花变枝叶型。花瓣变成小叶状，花蕊形成小枝，小枝腋芽继续抽生形成丛枝，花萼明显变薄，色淡无毛，花托分裂，花蕾变形，有越冬开花现象。

病原：病原菌是由类菌原体（MLO）引起的。

发病规律：泡桐丛枝病主要通过茎、根、病苗传播。在自然情况下，也可由烟草盲蝽、茶翅蝽在取食过程中传播。病原体在寄主体内存在着季节性运行的迹象，其总的趋势是秋季随树液主流经韧皮部向根部回流，累积在根部过冬；春季又随树液通过木质部向树体上部回升致病。

4.2.6.2 枣疯病

危害：枣疯病也叫枣扫帚病，是我国枣树的严重病害之一，主要侵害枣树和酸枣树。在我国南北方各枣区均有发生，对生产威胁极大。

症状：植株感病后，地上和地下部分均会发病。同一侧的枝和根都有丛枝和丛根现象。花器有的返祖畸形变化，退化为营养器官，花梗变大，呈明显的小枝，萼片、花、雄蕊均可变成小叶，但较粗糙、早衰。有时雄蕊、雌蕊变成小枝，柱头状顶端变成两片小叶，结果枝变成细小密集的丛生枝。花一般不结果（俗称公枣树）。丛枝型植株发病时，正芽和隐芽等同

时发育成枝，病枝纤细，
其上生的叶片小，且黄化，
入秋后干枯，不易脱落，
呈花叶形，常在新梢处的
叶片上产生。病叶比正常
叶小一半以上，颜色黄绿
相间，有的叶脉透明，叶
缘卷曲，叶面成凸凹不平
的花叶，质脆，易焦枯。病树健枝能结果，但果小，着色差，
不甜，多呈花脸状，果肉糠，不堪食用。病树 5～7 年死亡。

病原：病原菌为软壁细菌门的植原体 Phytoplasma。

发病规律：可通过嫁接和分根传播。经嫁接传播，病害
潜育期在 25 天至 1 年以上。土壤干旱瘠薄及管理粗放的枣园
发病严重。

4.2.6.3　桑萎缩病

危害：黄化型及萎缩型萎缩病多在幼龄及壮龄树上发生，
老龄树被害少，花叶型萎缩病多在老龄树上发生。桑萎缩病是
一种十分危险的病害。

症状：病株枝条节间缩短，叶序紊乱，不定芽和腋芽萌
发成丛生侧枝。病叶变小，黄化或花叶，叶质粗糙早落。感病植
株先局部枝条发病，后逐渐蔓延到全株。根据桑萎缩病发病的状
况可分为黄化型、萎缩型和花叶型 3 个类型。

病原：黄化型和萎缩型萎缩病为植原体引起，花叶型萎
缩病为病毒侵染引起。

发病规律：病株体内各个部位均有病原物存在。3 种萎缩病都能通过嫁接传染，黄化型和萎缩型还可以通过菱纹叶蝉和拟菱纹叶蝉传染。花叶型在春末夏初及 9 月、10 月为发病高峰，萎缩型及黄化型多在夏秋季发生，特别是 7 月中旬至 9 月中旬发病特别明显。桑园采伐过度，生长衰弱易感病，干旱、水涝也易感病。

丛枝病类的防治措施：

（1）加强检疫：防治危险性病害的传播。

（2）林业技术措施：栽植抗病品种或选用培育无毒苗、实生苗。及时剪除病枝，挖除病株，清除病原物越冬寄主。在病部基部进行环状剥皮，宽度为所剥部分枝条直径的 1/3 左右，以阻止植原体在树体内进行。

（3）药剂防治：防治刺吸式口器昆虫（如蟥、叶蝉等）可喷洒质量分数为 50% 的马拉硫磷乳油、质量分数为 10% 的安绿宝乳油，减少病害传播。植原体引起的丛枝病可用四环素、土霉素、金霉素、氯霉素 4 000 倍液喷雾。

4.2.7 膏药病类

4.2.7.1 膏药病

危害：膏药病对树木影响一般不明显，但如果严重感病，可引起弱小枝条逐渐衰弱，甚至死亡，如桑、女贞、核桃、泡桐、构树、梨、柳等枝干上都易发生膏药病。

症状：树干或枝条上形成圆形、椭圆形或不规则形的菌膜组织贴附于树上。菌膜组织直径 7～10 cm 或更大，初呈灰白色、浅褐色或褐色，后转紫褐色、暗褐色或黄褐色；有时呈天鹅状，边缘色较淡，中部常有龟裂纹；有的后期干缩，逐渐剥落，整个菌膜好像中医所用的膏药。

病原：病原菌属于担子菌亚门、隔担菌目、隔担耳菌属真菌。

发病规律：与介壳虫有密切关系，病原菌以介壳虫的分泌物为养料。介壳虫常由于菌膜覆盖而得到保护，在雨季病原菌的孢子还可通过虫体爬行而传播蔓延、林中阴暗潮湿，通风透光不良、土壤黏重、排水不良的地方都易发病。

膏药病类的防治措施：

防治介壳虫是防治膏药病的重要措施之一。在有条件和必要时，刮除菌丝膜，并喷洒波尔多液或质量分数为 20% 的石灰乳。

4.3 根部病害

4.3.1 根癌病

危害：根癌病又名冠瘿病，是一种世界性的重要根部病害，幼苗染病后严重影响发育，甚至死亡。成年树患病后，树势衰弱，树木生长量明显下降。特别是根系，病株仅为健康株的 50% ~ 60%。该病可侵染苹果、梨、桃树、樱桃、葡萄、杨树、柳树等 138 科 1 100 多种植物。

症状：根癌病主要发生在根颈部、侧根和支根上，以嫁接处最为常见；有时也发生在茎部。根癌病在发病部位形成球形或扁球形、大小不一、数目不等的癌瘤，癌瘤小如豆粒，大如拳头，初期绿色幼嫩，后期逐渐变成褐色，坚硬木质化，表面粗糙、凹凸不平。

病原：病原菌为根癌土壤杆菌，属于土壤杆菌属细菌。

发病规律：根癌细菌在癌瘤组织的皮层内或进入土壤越冬。雨水和灌溉水是主要传播途径，此外，蛴螬、蝼蛄等地下害虫、线虫也可传播病害，病菌经嫁接口、机械伤等伤口侵入。苗木带菌可使病害远距离传播。病害的潜伏期较长，从侵入到显现需经过几周甚至一年的时间。病原菌侵染与发病随土壤湿度增高而增加，反之则减轻；pH 值为 6.2～8.0 的碱性土壤利于发病，酸性土壤则不利于发病。土壤黏重、排水不良的果园发病多，反之则发病少。

根癌病的防治措施：

（1）加强检疫：对怀疑有病的苗木可用 500～2 000 mg/kg的链霉素液浸泡 30 min 或质量分数为 1% 的硫酸铜液浸泡 5 min，清水冲洗后栽植。

（2）林业技术措施：病土须经热力或药剂处理后方可使用。最好不在低洼地、渍水地种植花木或用氯化苦消毒土壤后再种植。病区可实施 2 年以上的轮作。

苗木栽种前最好用质量分数为 1% 的硫酸铜液浸 5～10 min，再用水洗净，然后栽植。或利用抗根癌剂（K84）生物农药 30 倍浸根 5 min 后定植，或 4 月中旬切瘤灌根。用放射形土壤杆菌菌株 84 处理种子、插条及裸根苗，浸泡或喷雾，处理过的材料在栽种前要防止过干。

苗木定植前 7～10 d，每亩增施底肥消石灰 100 kg 或在栽植穴中施入消石灰与土拌匀，使土壤呈微碱性，有利于防病。

（3）化学防治：对已发病的轻病株可用 300～400 倍的抗菌剂 "402" 浇灌，也可切除瘤体后用 500～2000 mg/kg 链霉素或 500～1 000 mg/kg 土霉素或质量分数为 5% 的硫酸亚铁涂抹伤口。对重病株要拔除，在株间向土面每亩撒生石灰 100 kg，并翻入表土，或者浇灌质量分数为 15% 的石灰水发现病株集中销毁。还可用刀锯切除癌瘤，然后用尿素涂入切除肿瘤部位。也可用甲冰碘液（甲醇 50 份、冰醋酸 25 份、碘片 12 份）涂瘤。

4.3.2 紫纹羽病

危害：紫纹羽病也叫紫色根腐病，分布广泛，国内外都有发生。该病害可危害杨、柳、松、杉、柏、刺槐、酸枣、栎、漆树等，是常见的根部病害。苗木受害后，根部腐烂，植株枯死。

症状：幼树根部易染病，导致根部有腐烂现象，易剥落，后引发粗根，根部变为紫褐色，表面布满丝网状菌丝束和线布状菌丝体。后期，菌丝体长有小菌核，呈紫褐色颗粒状排布。病根木质部也受感染，呈淡紫色腐烂。病害继续向上扩展。环境潮湿时，菌丝体上有白色粉状物产生，此为病菌担子的子实层。苗木受害后，很快就会枯死。

病原：病原菌为担子菌亚门的紫卷担菌。

发病规律：紫卷担菌以菌丝体、菌束或菌核随病根在土壤里越冬。菌核在土中可存活多年，翌年 4 月当环境条件适宜时，菌丝体侵染苗木根部，导致根部腐烂。菌丝束在土中蔓延，直接侵入健康木根部。病原菌经接触传染，病害发生，7 ~ 8 月是发病盛期。林园处于潮湿、土质黏重或排水不良的环境易发生该病。

紫纹羽病的防治措施：

（1）严格检疫：在引进新苗木时，进行消毒处理，在质量分数为 1% 的波尔多液中浸根 1 h，或用质量分数为 1% 的硫酸铜浸根 3 h，或用质量分数为 2% 的石灰水浸根 30 min，用清水冲洗根部后栽植。

（2）林业技术措施：选择较抗病品种栽培，培育无病苗木。加强栽培管理，合理施肥灌水，增强树势，提高植株抵抗力，发现有病株及时挖除，减少病菌的传播。

（3）药剂防治：对土壤消毒，根部浇灌五氯酚钠250～300倍液、质量分数为70%的甲基硫菌灵100倍液或撒施石灰粉消毒。

4.3.3　根结线虫病

危害：根结线虫病主要危害根部，通常引起寄主根部形成瘿瘤或根结。分布范围广，寄主植物多，如泡桐、柳、桑、月季、黄杨、杨、海棠、楸树、梓树、蔷薇、榆、朴、菊、木槿、茶、栀子等。

症状：病原线虫寄生在根皮与中柱之间，使根组织过度生长，形成大小不等的根瘤。因此，根部呈根瘤状肿大，为该病的主要症状。根瘤大多数发生在细根上，小苗主根也可能被害，感染严重时，可出现次生根瘤，并发生大量小根，使根系盘结成团，形成须根团。在一般发病情况下，病株的地上部分无明显病状，但随着根系受害逐步变得严重，树冠才出现枝短梢弱、叶片变小、长势衰退等病状。受害更重时，叶色发黄，无光泽，叶缘卷曲，呈缺水状。

病原：由根结线虫侵染所致，已知的根结线虫至少有36种。

发病规律：根结线虫1年可发生多代，幼虫、成虫和卵都可在土壤中或病瘤内越冬。孵化不久的幼虫即离开病瘤钻入土壤中，在适宜的条件下侵入幼根。当外界条件适合时，1龄幼虫孵化后仍藏在卵内，经1次蜕皮后破卵而出，成为2龄侵染幼虫，2龄侵染幼虫侵入维管束附近危害，并刺激根组织过度生长，形成不规则的根瘤。幼虫在根瘤内生长发育，再经3次蜕皮，发育成为成虫。雌、雄虫成熟后交尾产卵。根结线虫可随苗木、土壤、灌溉水、雨水而传播，线虫本身移动范围仅在30～70 cm。大多数线虫在表土层5～30 cm处，1 m以下就很少了。一年可发生 2～3 代，能进行重复侵染。

根结线虫病的防治措施：

（1）加强检疫和培育无病苗木：对外来苗木必须经过检验，防止病苗传入无病区及新区。

（2）加强肥水管理：对病树，可根据土壤肥力，适当增施有机肥料，并加强肥水管理，以增强树势，减轻本病的危害程度。此外，如土壤砂质较重时，逐年改土，也能有效地减轻危害。

（3）药剂处理：对成年病树，使用二溴氯丙烷有良好的防治效果。根据树龄和土质每株使用质量分数为 80% 的二溴氯丙烷 40～60 mL，兑水 7.5～15.0 kg，在 2～3 月初使用。施药方法：在树干四周每隔 30 cm 打一洞穴，洞穴深在 15 cm 以上，穴与穴之间的距离也为 30 cm 左右。将药液按比例均匀灌入每个洞穴中，然后覆土踏实，并在洞穴表面泼少量的水加以封盖。如果先挖掉病根然后再施药，效果更好。施药后要增施肥料，以促进新根增发，树势迅速恢复。

5 有害植物

5.1 寄生性种子植物

菟丝子

危害：菟丝子主要危害植物的幼树和幼苗。常寄生在多种林业植物上，轻则使植物生长不良，影响观赏，重则花木和幼树可被其缠绕致死。

症状：菟丝子为寄生性种子植物，以茎缠绕在寄生植物的茎部，并以吸器伸入寄生植物茎或枝干内与其导管和筛管相联结，吸取全部养分，因而导致被害花木发育不良，生长受阻碍，通常表现为生长矮小和黄化，甚至植株枯萎死亡。

病原：菟丝子又名无根藤、金丝藤，是菟丝子科菟丝子属植物的通称，为1年生缠绕性草本植物。

发病规律：菟丝子以成熟的种子落入土中或混在草本花卉的种子中休眠过冬。翌年夏初开始萌发，成为侵染源。种子萌发后幼茎生长很快，每天伸长 1～2 cm，在与寄主建立寄生关系之前不分枝。茎伸长后尖端 3～4 cm 的一段带有显著的绿色，具有明显的趋光性。迅速伸长的幼茎在空中来回旋转，当碰到寄主植物时便缠绕到其茎上，在与寄主接触处形成吸根。吸根伸入寄主维管束中吸取养料和水分。茎继续伸长，茎尖与寄主接触处再次形成吸根。茎不断分枝伸长缠绕寄主，并向四周迅速蔓延扩展危害。当幼茎与寄主建立关系后，下面的茎逐渐湿腐或干枯萎缩与土壤分离。

菟丝子每棵能产生种子 2 500～3 000 粒。种子生活力强，寿命可保持数年之久。在未经腐熟的肥料中仍有萌发力，故肥料也是侵染来源之一。种子成熟后也可随风吹到远处。菟丝子带有腋芽的断茎可发育成新的植株。

寄生性种子植物的防治措施：

（1）加强检疫：菟丝子的种子可随花木种子和苗木的调运远距离传播，因此，应加强种苗检疫。

（2）林业技术措施：冬季深翻，使种子深埋土中不易萌发。春末夏初，检查苗圃和幼林地，发现菟丝子立即连同寄主的受害部分一起剪除，防止其继续扩展蔓延，由于菟丝子的断茎有发育成新株的能力，剪除时务必彻底，剪下之物不可随意丢弃于其他植物附近或苗床上，以免助其传播。

（3）药剂防治：用质量分数为 90% 的禾耐斯 600～900 mL/hm^2，或质量分数为 48% 拉索 3 000～3 750 mL/hm^2，或敌草晴 3.75 kg/hm^2，加水 50～75 L，于播种前或播种后出苗前喷施于土壤中。或在菟丝子种子萌发高峰期在地面上喷洒质量分数为 1.5% 的五氯酚钠，或质量分数为 2% 的扑草净，毒杀幼芽。25 d 喷一次。

5.2　攀缘杂草

葎草

危害：葎草又叫拉拉秧等，为常见杂草。其匍匐茎生长蔓延迅速，常缠绕在植物上，严重影响其他植物的生长。另因其倒刺对人皮肤易造成伤害，也会妨碍人类生产活动。

病原：一年生或多年生草质藤本，匍匐或缠绕。幼苗下胚轴发达，微带红色，上胚轴不发达。子叶条形，长 2～3 cm，无柄。成株茎长可达 5 m，茎枝和叶柄上密生倒刺；有分枝，具纵棱。叶对生，具有长柄 5～20 cm，掌状 3～7 裂，裂片卵形或卵状披针形，基部心形，两面生粗糙刚毛，下面有黄色小油点，叶缘有锯齿。花腋生，雌雄异株，雄花成圆锥状柔荑花序，花黄绿色，单一，十分细小，萼 5 裂，雄蕊 5 枚；雌花为球状的穗状花序，由紫褐色且带点绿色的苞片所包被，苞片的背面有刺，子房单一，花柱 2 枚。花期 5～10 月。聚花果绿色，近松球状；单个果为扁球状的瘦果。

发生规律：1 年生蔓性杂草。主要靠种子繁殖。于 3 月中旬左右出苗，6～10 月为花期，果实 7～11 月成熟。单株结种子数千粒至数万粒，经越冬休眠后萌发。在土层深处的种子不能萌发。

葎草的防治措施：

葎草抗逆性较强，常长成较大植株，耗去土地大量水肥，因此，在早期要及时除去草。对于已经攀缘到树木上的也要及时割除。药物防除可在苗期喷 2,4-D 丁酯或二甲四氯等除草剂。

参考文献

[1] 贺伟，叶建仁 . 森林病理学 [M]. 北京：中国林业出版社，2017.

[2] 顾正平，沈瑞珍，刘毅 . 园林绿化机械与设备 [M]. 北京：机械工业出版社，2002.

[3] 黄大庄，李会平 . 林木病虫害防治百问百答 [M]. 北京：中国农业出版社，2009.

[4] 首都绿化委员会办公室 . 绿化树木病虫鼠害 [M]. 北京：中国林业出版社，2000.

[5] 袁嗣令 . 中国乔、灌木病害 [M]. 北京：科学出版社，1997.

[6] 周仲铭 . 林木病理学 [M]. 北京：中国林业出版社，1990.

[7] 王江柱，赵胜建，解金斗 . 葡萄高效栽培与病虫害看图防治 [M]. 2 版 . 北京：化学工业出版社，2018.

[8] 徐公天 . 园林植物病虫害防治原色图谱 [M]. 北京：中国农业出版社，2003.

[9] 徐志华 . 园林苗圃病虫害诊治图说 [M]. 北京：中国林业出版社，2004.

[10] 邱雅林，周青，郑智龙 . 林业有害生物防控图解 [M]. 北京：中国农业科学技术出版社，2014.

[11] 孙丹萍 . 园林植物病虫害防治技术 [M]. 北京：中国科学技术出版社，2006.

[12] 陈秀虹，伍建榕，西南林业大学 . 园林植物病害诊断与养

护 [M]. 北京：中国建筑工业出版社，2014.

[13] 吕佩珂，苏慧兰，高振江．苹果病虫害防治原色图鉴 [M]. 北京：化学工业出版社，2014.

[14] 王江柱，姜奎年．枣病虫害诊断与防治原色图鉴 [M]. 北京：化学工业出版社，2014.

[15] 夏声广．梨树病虫害防治原色生态图谱 [M]. 北京：中国农业出版社，2007.

[16] 吕佩珂，苏慧兰，高振江．桃李杏梅病虫害防治原色图鉴 [M]. 北京：化学工业出版社，2014.

[17] 郭书普．新版果树病虫害防治彩色图鉴 [M]. 北京：中国农业大学出版社，2009.

[18] 屈朝彬，徐志华，王孟章，等．公路绿化植物病虫害防控图谱 [M]. 北京：中国林业出版社，2008.

[19] 杨子琦，曹华国．园林植物病虫害防治图鉴 [M]. 北京：中国林业出版社，2002.

附　录

附录1　雄安新区"千年秀林"主要潜在病虫害名录

雄安新区景观林主要潜在病虫害名录

序号	树种	拉丁名	主要害虫	主要病害
1	白皮松	*Pinus bungeana*	松果梢斑螟 松大蚜	松苗立枯病 松落针病
2	华山松	*Pinus armandii*	松果梢斑螟 松大蚜	松栎锈病 松落针病 松针锈病 松烂皮病 五针松疱锈病 煤污病
3	樟子松	*Pinus sylvestris var. mongolica*	松大蚜 松梢螟	樟子松疱锈病 松苗立枯病 落针病 红斑病 松针锈病 烂皮病 枯梢病 松瘤锈病 松材线虫病
4	油松	*Pinus tabuliform-is*	松果梢斑螟 松大蚜 松梢螟	松苗猝倒病 松落针病 松树红斑病 松针锈病 松烂皮病 油松枯梢病 松材线虫病

序号	树种	拉丁名	主要害虫	主要病害
5	云杉	*Picea asperata*	云杉黄卷蛾 舞毒蛾 松茸毒蛾 松果梢斑螟	云杉－稠李球果锈病
6	黑松	*Pinus thunbergii*	松墨天牛 松梢螟	松苗猝倒病 松苗叶枯病 松材线虫病
7	侧柏	*Platycladus ori-entalis*	侧柏大蚜 柏肤小蠹 双条杉天牛	苗木茎腐病
8	桧柏	*Sabina chinensis*	柏肤小蠹 双条杉天牛	桧柏锈病
9	水杉	*Metasequoia glyptostroboides*	大青叶蝉	猝倒病 茎腐病
10	银杏	*Ginkgo biloba*	小褐木蠹蛾 桑白盾蚧	苗木猝倒病 茎腐病
11	白蜡	*Fraxinus chiensis*	雪毒蛾 白蜡窄吉丁 黄刺蛾 桑白盾蚧 桑刺尺蛾 美国白蛾 小线角木蠹蛾	流胶病

续　表

序号	树种	拉丁名	主要害虫	主要病害
12	洋白蜡	*Fraxinus pennsylvanica*	雪毒蛾 白蜡窄吉丁 黄刺蛾 桑白盾蚧 美国白蛾 小线角木蠹蛾	流胶病
13	小叶白蜡	*Fraxinus bungeana*	雪毒蛾 白蜡窄吉丁 黄刺蛾 桑白盾蚧 美国白蛾 小线角木蠹蛾	褐斑病 枯枝病 干基腐病
14	紫丁香	*Syinga oblata*	美国白蛾 大袋蛾 黄刺蛾 褐边绿刺蛾	凋叶病 叶枯病 漆斑病 褐斑病
15	暴马丁香	*Syinga reticulata*	美国白蛾 大袋蛾 黄刺蛾 褐边绿刺蛾	萎蔫病 白粉病 褐斑病 花斑病 立枯病 病毒病
16	水曲柳	*Fraxinus mandschurica*	东方盔蚧 水曲柳枝小蠹 美国白蛾	流胶病
17	流苏树	*Chionanthus retusus*	黄刺蛾 褐边绿刺蛾 铜绿丽金龟	褐斑病
18	迎春花	*Jasminum nudiforum*	美国白蛾	叶斑病 枯枝病 丛枝病 花叶病 黑霉病

序号	树种	拉丁名	主要害虫	主要病害
19	北京丁香	*Syring pekinensis*	美国白蛾 大袋蛾 黄刺蛾 褐边绿刺蛾	漆斑病 褐斑病 白粉病 萎蔫病 病毒病 花斑病
20	臭椿	*Ailanthus altissima*	斑衣蜡蝉 臭椿沟眶象 樗蚕	苗木猝倒病 白粉病 根朽病 花叶病 丛枝病
21	白榆	*Ulmus pumila*	柳蛎蚧 绿尾大蚕蛾 榆蓝叶甲 秋四脉棉蚜 榆凤蛾 光肩星天牛 榆掌舟蛾 星天牛 桑刺尺蛾 美国白蛾	炭疽病 根腐病
22	黑榆	*Ulmus davidiana*	柳蛎蚧 绿尾大蚕蛾 榆蓝叶甲 秋四脉棉蚜 榆凤蛾 美国白蛾	炭疽病 根腐病
23	榔榆	*Ulmus parvifolia*	榆蓝叶甲 秋四脉棉蚜 榆凤蛾 美国白蛾	炭疽病 根腐病
24	杜梨	*Pyrus betulifolia*	梨大食心虫 美国白蛾 蚜虫	锈病 梨黑星病 干腐病 细菌性穿孔病

序号	树种	拉丁名	主要害虫	主要病害
25	李	*Prunus salicina*	光肩星天牛 桑白盾蚧 苹果透翅蛾 禾谷缢管蚜 桃红颈天牛 星天牛 山楂叶螨 桃球坚蚧 美国白蛾	细菌性穿孔病 褐斑病 白粉病 炭疽病 干腐病
26	山杏	*Armeniaca sibirica*	苹果透翅蛾 顶斑筒天牛 朝鲜球坚蚧 桃球坚蚧 蚜虫 美国白蛾	杏疔病 腐烂病 流胶病 细菌性穿孔病 褐腐病 小叶病
27	碧桃	*Amygdalus persica*	蓝目天蛾 桑白盾蚧 苹果透翅蛾 禾谷缢管蚜 桃红颈天牛 小绿叶蝉 朝鲜球坚蚧 桃粉大尾蚜 黄褐天幕毛虫 美国白蛾 尺蠖	霉斑穿孔病 流胶病 根癌病 细菌性穿孔病 煤污病 褐斑穿孔病 黑星病 花腐病 白粉病 缺铁症
28	西府海棠	*Malus micromalus*	禾谷缢管蚜 桃蚜 梨网蝽 单环透翅蛾 桑天牛 尺蠖 美国白蛾	腐烂病 褐斑病 绣病 缺铁性黄化
29	珍珠梅	*Sorbaria sorbifolia*	美国白蛾 小青花金龟	叶斑病 白粉病 褐斑病

序号	树种	拉丁名	主要害虫	主要病害
30	黄刺玫	*Rosa xanthina*	蔷薇叶蜂	白粉病
31	平枝栒子	*Cotoneaster horizontalis*	梨网蝽	叶斑病 煤污病
32	桃	*Amygdalus persica*	顶斑筒天牛 桃红颈天牛 山楂叶螨 蓝目天蛾 桑白盾蚧 苹果透翅蛾 禾谷缢管蚜 桃红颈天牛 小绿叶蝉 朝鲜球坚蚧 桃粉大尾蚜 美国白蛾	褐腐病 细菌性穿孔病 根癌病 流胶病 疮痂病 炭疽病 白粉病 溃疡病 红叶病 花叶病 矮缩病 桃缩叶病 缺素症
33	梅	*Armeniaca mume*	蓝目天蛾 桑白盾蚧 桃球坚蚧 苹果透翅蛾 禾谷缢管蚜 小绿叶蝉 桃粉大尾蚜 黄褐天幕毛虫	炭疽病 膏药病 煤污病 根癌病
34	榆叶梅	*Amygdalus triloba*	黄斑长翅卷叶蛾 桃粉大尾蚜	黑斑病

序号	树种	拉丁名	主要害虫	主要病害
35	苹果	*Mulus pumila*	光肩星天牛 绿尾大蚕蛾 苹果透翅蛾 单环透翅蛾 桑天牛 山楂叶螨 苹果黄蚜 桃球坚蚧	苹果腐烂病 苹果树干腐病 苹果轮纹病 苹果扁枝病 早期落叶病 苹果圆斑病 苹果白粉病 苹果花腐病 苹果黑星病 苹果锈病 苹果花叶病 苹果炭疽病 苹果根癌病 苹果霉心病 苹果疫腐病 苹果圆斑根腐病 褐腐病 苹果青霉病 苦痘病 水心病 根朽病 白绢病 白纹羽病 紫纹羽病 冻害烂根 缺素症
36	山楂	*Crataegus pin-natifida*	梨网蝽 山楂叶螨 桃球坚蚧	山楂花腐病 山楂白粉病 山楂枝枯萎病 山楂缺铁性黄叶病 根癌病 干腐病
37	山桃	*Prunus davidiana*	顶斑筒天牛	穿孔病 流胶病

续　表

序号	树种	拉丁名	主要害虫	主要病害
38	杏树	*Armeniaca vulgaris*	苹果透翅蛾 顶斑筒天牛 朝鲜球坚蚧	穿孔病 流胶病 白粉病
39	樱桃	*Cerasus pseudocerasus*	光肩星天牛 苹果透翅蛾 朝鲜球坚蚧 山楂叶螨 榆掌舟蛾	穿孔病 流胶病
40	杜仲	*Eucommia ulmoides*	美国白蛾 褐边绿刺蛾	茎腐病 褐斑病 角斑病
41	麻栎	*Quercus acutissima*	落叶松尺蛾 榆掌舟蛾	苗木茎腐病 松栎锈病 栎实僵干病 白粉病 丛枝病
42	板栗	*Castanea mollissima*	栗瘿蜂 栗花麦蛾 栗大蚜 栗实象甲 榆掌舟蛾	干枯病

续 表

序号	树种	拉丁名	主要害虫	主要病害
43	槲栎	*Quercus aliena*	柞栎象 栎实蛾	松栎锈病 栎实僵干病 白粉病
44	辽东栎	*Quercus wutais-hanica*	柞栎象 栎实蛾	栎实僵干病 白粉病
45	栓皮栎	*Quercus variabi-lis*	栗实象甲	松栎锈病 栎实僵干病 白粉病 褐斑病 木腐病 丛枝病
46	鹅掌楸	*Liriodendron chinensis*	樗蚕 马褂木卷蛾	炭疽病 白绢病
47	二乔玉兰	*Magnolia sou-langeana*	樗蚕 长白盾蚧 柿广翅蜡蝉	叶斑病 根腐病
48	望春玉兰	*Magnolia biondii*	樗蚕 长白盾蚧 柿广翅蜡蝉	干腐病
49	紫玉兰	*Magnolia liliiflo-ra*	樗蚕 长白盾蚧 柿广翅蜡蝉	立枯病 叶斑病 白粉病
50	杂种鹅掌楸	*Liriodendron chinense*	樗蚕 马褂木卷蛾	叶斑病 炭疽病

序号	树种	拉丁名	主要害虫	主要病害
51	枫杨	*Pterocarya stenoptera*	绿尾大蚕蛾 黄刺蛾 美国白蛾	苗木猝倒病 白粉病 丛枝病
52	核桃	*Juglans regia*	柳蛎蚧 绿尾大蚕蛾 云斑天牛 桑刺尺蛾	烂皮病 枝枯病 溃疡病 白粉病 细菌黑斑病 褐斑病 灰斑病 粉霉病 炭疽病
53	胡桃楸	*Juglans mandshurica*	美国白蛾 草履蚧	边材腐朽 枝枯病
54	复叶槭	*Acer negundo*	光肩星天牛 美国白蛾	苗期猝倒病 苗期立枯病 叶斑病
55	茶条槭	*Acer ginnala*	光肩星天牛	叶斑病 枝丁腐烂病
56	五角枫	*Acer mono*	元宝枫细蛾 光肩星天牛	褐斑病 槭翅果大漆斑病 黄萎病
57	元宝枫	*Acer truncatum*	元宝枫细蛾 光肩星天牛	褐斑病 槭翅果大漆斑病 黄萎病

续 表

序号	树种	拉丁名	主要害虫	主要病害
58	枣	*Ziziphus jujuba*	美国白蛾 日本龟蜡蚧 黄刺蛾 褐边绿刺蛾	枣疯病 枣缩果病 枣炭疽病 霉烂病 枣锈病 煤污病 根癌病 根腐病 枣焦叶病 枣叶斑病 枣树缺铁症 裂果
59	国槐	*Sophora japonica*	中华槐蚜 槐花球蚧 槐尺蛾 槐小卷蛾 槐羽舟蛾 二齿茎长蠹 樗蚕 桑刺尺蛾 刺槐蚜 尺蠖 美国白蛾	腐烂病 国槐带化病 国槐白粉病 溃疡病
60	刺槐	*Robinia pseudoacacia*	中华槐蚜 槐花球蚧 槐尺蛾 槐小卷蛾 槐羽舟蛾 二齿茎长蠹 桑刺尺蛾 刺槐蚜	刺槐干腐病 苗木紫纹羽病 根朽病 苗木茎腐病 花叶病 煤污病 白粉病
61	胡枝子	*Lespedeza bicolor*	食心虫 刺槐蚜	根腐病 白粉病
62	毛刺槐	*Robinia hisqida*	中华槐蚜 槐花球蚧 槐尺蛾 槐小卷蛾 槐羽舟蛾 二齿茎长蠹 刺槐蚜	刺槐干腐病 苗木紫纹羽病 根朽病 苗木茎腐病 花叶病 煤污病 白粉病

序号	树种	拉丁名	主要害虫	主要病害
63	合欢	*Albizia julibris-sin*	合欢巢蛾 梨木虱	干枯病 溃疡病 枯萎病
64	皂荚	*Gleditsia sinensis*	桑白盾蚧 皂角幽木虱	煤污病 白粉病 枯萎病
65	旱柳	*Salix matsudana*	白杨透翅蛾 杨扇舟蛾 杨雪毒蛾 柳瘿蚊 柳圆叶甲 蓝目天蛾 美国白蛾	立木腐朽 锈病 冠瘿病 溃疡病
66	垂柳	*Salix babylonica*	杨扇舟蛾 杨雪毒蛾 柳瘿蚊 柳蛎蚧 柳瘤大蚜 柳圆叶甲 光肩星天牛 雪毒蛾 蓝目天蛾 绿尾大蚕蛾 桑刺尺蛾 美国白蛾	立木腐朽 冠瘿病 锈病 溃疡病
67	绦柳	*Salix matsudana var. matsudana f. pendula*	杨扇舟蛾 绿尾大蚕蛾 柳圆叶甲 光肩星天牛 美国白蛾	锈病

序号	树种	拉丁名	主要害虫	主要病害
68	北京杨	*Populus × beijingensis*	柳蛎蚧 雪毒蛾 绿尾大蚕蛾 光肩星天牛 榆掌舟蛾 桑刺尺蛾 杨潜叶跳象 美国白蛾	锈病 黑斑病 根癌病 破腹病 斑枯病 叶枯病 炭疽病 皱叶病 腐烂病 溃疡病 大斑溃疡病 白粉病 煤污病
69	毛白杨	*Populus tomentosa*	白杨透翅蛾 杨扇舟蛾 杨雪毒蛾 杨白毛蚜 青杨楔天牛 榆掌舟蛾 桑刺尺蛾 杨潜叶跳象 美国白蛾	锈病 黑斑病 根癌病 破腹病 斑枯病 叶枯病 炭疽病 皱叶病 腐烂病 溃疡病 大斑溃疡病 白粉病 煤污病
70	黄栌	*Cotinus coggygria*	黄栌丽木虱 舞毒蛾	白粉病 黄萎病
71	君迁子	*Diospyros lotus*	美国白蛾 草履蚧 黄刺蛾 褐边绿刺蛾 日本龟蜡蚧 柿星尺蛾	木腐病 白粉病 黑星病

序号	树种	拉丁名	主要害虫	主要病害
72	柿树	*Diospyros kaki*	美国白蛾 草履蚧 黄刺蛾 褐边绿刺蛾 日本龟蜡蚧 柿星尺蛾	圆斑病 角斑病
73	椴树	*Tilia tuan*	美国白蛾	日灼病
74	苦楝	*Melia azedarach*	人袋蛾 黄刺蛾 星天牛 斑衣蜡蝉	丛枝病 溃疡病
75	栾树	*Koelreuteria paniculata*	美国白蛾 日本龟蜡蚧 六星黑点豹蠹蛾 桑刺尺蛾	病毒病 流胶病
76	文冠果	*Xanthoceras sorbifolium*	美国白蛾 日本龟蜡蚧	黄化病 煤污病
77	红瑞木	*Swida alba*	美国白蛾	茎腐病
78	毛泡桐	*Paulownia to-mentosa*	华北蝼蛄 泡桐网蝽	黑痘病
79	七叶树	*Aesculus chinen-sis*	黄刺蛾 褐边绿刺蛾	早期落叶病 根腐病
80	楸树	*Catalpa bungei*	美国白蛾 楸螟 斑衣蜡蝉 大青叶蝉	根瘤线虫病 冠瘿病
81	梓	*Catalpa ovata*	美国白蛾 斑衣蜡蝉 大青叶蝉	根瘤线虫病 日灼病

序号	树种	拉丁名	主要害虫	主要病害
82	桑树	*Moru alba*	桑尺蠖 大青叶蝉 黑绒鳃金龟 铜绿丽金龟 桑天牛 桑虎天牛 桑刺尺蛾 美国白蛾	断枝病 黑斑病 萎缩病
83	丝绵木	*Euonymus maackii*	丝棉木金星尺蠖 卫矛巢蛾 绿后丽盲蝽 尺蠖	
84	梧桐	*Firmiana platani-folia*	樗蚕 青桐木虱 黄刺蛾 美国白蛾	煤污病
85	柽柳	*Tamarix chinensis*	美国白蛾 黄古毒蛾	苗木立枯病
86	天目琼花	*Viburnum opulus*	美国白蛾	叶枯病 叶斑病
87	金银木	*Lonicera maackii*	柳蛎蚧 桃粉大尾蚜 美国白蛾	叶斑病
88	接骨木	*Sambucus wil-liamsii*	透翅疏广蜡蝉 豹灯蛾 美国白蛾	斑点病 灰斑病
89	溲疏	*Deutzia scabra*	美国白蛾	叶斑病

附录 2 雄安新区"千年秀林"有害生物治理月历

（1）1 月

气候及物候：

1 月为雄安新区全年最冷月，月平均气温在 -8 ℃左右，土壤冻结，有降雪、低温冻害现象发生。植物处于休眠状态。

养护内容：

对病虫危害严重的树木及绿地地段，结合树木修剪和绿地内枯枝落叶、杂草的清理，消灭各种越冬害虫虫卵，保持优美景观。

（2）2 月

气候及物候：

2 月气候仍较为寒冷，雄安新区平均气温高于 -5 ℃，土壤冻结，有干旱、冻害现象发生。大部分植物仍处于休眠状态。毛白杨、馒头柳、迎春花芽开始萌动，山桃花芽膨大。

养护内容：

进行刺蛾、介壳虫等虫害防治工作。防治草履蚧若虫孵化后爬上树干，可采用树干基部围绑塑料薄膜环、树干上设置黏虫胶环等方式进行防治。

（3）3 月

气候及物候：

3 月气温开始回升，雄安新区月平均气温为 4 ~ 6 ℃，土壤解冻，树木开始萌芽。此时容易发生倒春寒，树木易受晚霜危害和早春干旱大风天气危害导致干枯死亡。

3 月上旬：山桃等芽膨大，连翘、榆叶梅、油松芽开始萌动。

3 月中旬：馒头柳、毛白杨迎春开放或形成花蕾，银杏、刺槐芽开始膨大，山桃开花。

3月下旬：毛白杨盛花，山桃、迎春始花，玉兰始花，馒头柳、蔷薇开始展叶。

养护内容：

清除越冬害虫，既能保证树木春季长势，又可减少有害生物全年的发生。3月上旬注意防治草履蚧，下旬需防治桧柏上发生的双条杉天牛等虫害。

（4）4月

气候及物候：

4月气温持续升高，雄安新区月平均气温为8～13℃，极端最低温-4℃，大风天气频现、对流天气逐渐增多，各种花木陆续开放。

4月上旬：玉兰盛花，迎春、连翘盛花，垂柳、馒头柳盛花，海棠展叶。

4月中旬：丁香、西府海棠、紫荆始花，榆叶梅、紫叶李盛花，大多数植物展叶。

4月下旬：碧桃、黄刺玫、油松始花，玉兰、西府海棠、连翘末花，槐树、臭椿展叶，馒头柳开始飞絮。

养护内容：

4月上旬加强栾树、槐树、桃树及月季上的蚜虫防治；4月中旬重点加强柳毒蛾、天幕毛虫、杨尺蠖、桑褶翅尺蠖等幼虫和红蜘蛛、叶螨等害虫防治；4月下旬防治杨、柳、海棠等树木的腐烂病、锈病及柏类害虫防治。

（5）5月

气候及物候：

5月雄安新区月平均气温为16～19℃，有干旱、大风和极端低温现象发生。

5月上旬：刺槐、黄刺玫始花，紫荆、海棠末花，野牛草开始返青。

5 月中旬：月季始花，刺槐花末。

5 月下旬：合欢、蜀葵始花，月季盛花，鸢尾始花。

养护内容：

5 月上旬主要防治第 1 代槐尺蠖、越冬柳毒蛾以及桧柏、苹果、海棠、毛白杨锈病等；5 月中旬主要防治槐树潜叶蛾、元宝枫细蛾等；5 月下旬防治松梢螟、月季黑斑病等。

（6）6 月

气候及物候：

6 月雄安新区月平均气温 20～24 ℃，降雨较少，光照强烈，容易出现高温、干旱天气。

6 月上旬：栾树、合欢、珍珠梅始花，臭椿花末。

6 月中旬：木槿始花，合欢、女贞盛花。

6 月下旬：紫薇、梧桐、大花萱草始花。

养护内容：

6 月上旬主要有害生物：美国白蛾、介壳虫、夜蛾类、月季黑斑病、草坪褐斑病等多种有害生物。

6 月中旬主要防治对象：考氏白盾蚧、紫薇绒蚧、叶螨、光肩星天牛等。

6 月下旬需要防治主要有害生物：第 2 代槐尺蠖、元宝枫细蛾、槐叶柄小蛾等害虫。

（7）7 月

气候及物候：

7 月雄安新区月平均气温 22～26 ℃，极端高温在 36 ℃左右，有强降水、雷暴、干旱等灾害性天气。栾树始花，紫薇、木槿进入盛花期。

养护内容：

7 月上旬主要防治白蜡、元宝枫、柿树等乔木和月季等花灌木上的各种刺蛾，以及宿根花卉疫病、合欢枯萎病、月季白粉病等；7 月中旬主要防治光肩星天牛成虫、第 2 代美国白蛾。

（8）8 月

气候及物候：

8月雄安新区月平均气温为19~23℃，极端高温在36℃左右，主要天气气候事件有强降水致洪涝灾害及局部发生干旱现象。栾树、槐树8月上中旬进入盛花期。

养护内容：

经常检查叶片、根茎等部位，看其生长情况是否正常，一旦发现有害生物等及早采取措施。8月上旬主要防治第3代槐尺蠖、柏毒蛾、槐潜叶蛾等。8月中旬主要防治扁刺蛾、黄刺蛾等幼虫，还要注意杨扇舟蛾、槐树红蜘蛛等。8月下旬主要防治槐树、银杏、丁香、白蜡和果树上的木蠹蛾、天牛等蛀干害虫。

（9）9月

气候及物候：

9月雄安新区月平均气温为12~18℃，极端低温在0℃左右，9月份主要有区域性干旱、雨涝天气。

9月上旬野菊开花，中旬丰花月季第二次盛花，银杏叶变黄。

养护内容：

9月上旬主要防治紫薇绒蚧、杨扇舟蛾、叶螨、木蠹蛾等。9月中旬主要防治柳毒蛾、槐尺蠖、叶螨和蚜虫。

（10）10月

气候及物候：

10月雄安新区月平均气温为5~10℃，极端低温在-7℃左右，主要天气气候事件有区域性干旱、寒潮降温、雨涝等灾害性天气。

10月上旬：黄栌、柿树叶开始变秋色，臭椿、白蜡落叶，野牛草开始枯黄。

10月中旬：银杏、黄栌、元宝枫、地锦叶全部变色，金银木果实成熟，月季末花。

10月下旬：紫薇、垂柳叶开始变秋色，丁香、银杏、臭椿落叶。

养护内容：

10 月上旬防治松大蚜、柏大蚜、棉蚜、月季长管蚜等蚜虫。10 月中旬防治花卉害虫，如介壳虫、蚜虫、叶螨等。10 月下旬及时清理绿地中枯枝落叶，集中销毁，以消灭越冬有害生物。

（11）11 月

气候及物候：

11 月雄安新区月平均气温 –5 ~ 1 ℃，极端低温在 –21 ℃左右。主要天气气候事件有强降温和降雪天气。

11 月上旬：槭树类、珍珠梅全变秋色，垂柳开始落叶，藤本月季末花。

11 月中旬：银杏、刺槐、丁香、连翘落叶末，毛白杨叶枯。

11 月下旬：毛白杨、槐树、海棠落叶末。

养护内容：

采取挖捉幼虫、虫蛹、虫卵、刮虫卵、修剪带病虫枝、喷药、清理落叶等方法，清理树体上的越冬病虫，除治越冬态的土壤害虫。

（12）12 月

气候及物候：

12 月雄安新区月平均气温在 –4.9 ~ 9.0 ℃，极端低温在 –22 ℃左右。主要天气气候事件有强降温冻害和降雪天气。12 月植物进入休眠期。

养护内容：

剪除病虫枝、枯枝，消灭越冬病虫源。

附录 3　国家禁用和限用的农药名单

按照《农药管理条例》，任何农药产品都不得超出农药登记批准的使用范围使用。剧毒、高毒农药不得用于防治卫生害虫，不得用于蔬菜、瓜果、茶叶、菌类、中草药材的生产，不得用于水生植物的病虫害防治。

国家禁用和限用的农药名单（67 种）[1]

农药名称	禁／限用范围	备注	农业部公告
氟苯虫酰胺	水稻作物		农业部公告第 2445 号
涕灭威	蔬菜、果树、茶叶、中草药材		农农发〔2010〕2 号
内吸磷	蔬菜、果树、茶叶、中草药材		农农发〔2010〕2 号
灭线磷	蔬菜、果树、茶叶、中草药材		农农发〔2010〕2 号
氯唑磷	蔬菜、果树、茶叶、中草药材		农农发〔2010〕2 号
硫环磷	蔬菜、果树、茶叶、中草药材		农农发〔2010〕2 号
乙酰甲胺磷	蔬菜、瓜果、茶叶、菌类和中草药材作物	自 2019 年 8 月 1 日起禁止使用（包括含其有效成分的单剂、复配制剂）	农业部公告第 2552 号
乐果	蔬菜、瓜果、茶叶、菌类和中草药材作物	自 2019 年 8 月 1 日起禁止使用（包括含其有效成分的单剂、复配制剂）	农业部公告第 2552 号
丁硫克百威	蔬菜、瓜果、茶叶、菌类和中草药材作物	自 2019 年 8 月 1 日起禁止使用（包括含其有效成分的单剂、复配制剂）	农业部公告第 2552 号
三唑磷	蔬菜		农业部公告第 2032 号
毒死蜱	蔬菜		农业部公告第 2032 号
硫丹	农业	撤销含硫丹产品的农药登记证，禁止含硫丹产品在农业上使用	农业部公告第 2552 号
治螟磷	农业	禁止生产、销售和使用	农业部公告第 1586 号

①注：本表引自 http://www.eshian.com/html/75347636.html

农药名称	禁/限用范围	备注	农业部公告
蝇毒磷	农业	禁止生产、销售和使用	农业部公告第1586号
特丁硫磷	农业	禁止生产、销售和使用	农业部公告第1586号
砷类	农业	禁止生产、销售和使用	农农发〔2010〕2号
杀虫脒	农业	禁止生产、销售和使用	农农发〔2010〕2号
铅类	农业	禁止生产、销售和使用	农农发〔2010〕2号
氯磺隆	农业	禁止在国内销售和使用（包括原药、单剂和复配制剂）	农业部公告第2032号
六六六	农业	禁止生产、销售和使用	农农发〔2010〕2号
硫线磷	农业	禁止生产、销售和使用	农业部公告第1586号
磷化锌	农业	禁止生产、销售和使用	农业部公告第1586号
磷化镁	农业	禁止生产、销售和使用	农业部公告第1586号
磷化铝（规范包装的产品除外）	农业	1. 规范包装：磷化铝农药产品应当采用内外双层包装。外包装应具有良好密闭性，防水防潮防气体外泄。内包装应具有通透性，便于直接熏蒸使用。内、外包装均应标注高毒标识及"人畜居住场所禁止使用"等注意事项 2. 禁止销售、使用其他包装的磷化铝产品	农业部公告第2445号

农药名称	禁/限用范围	备注	农业部公告
磷化钙	农业	禁止生产、销售和使用	农业部公告第1586号
磷胺	农业	禁止生产、销售和使用	农农发〔2010〕2号
久效磷	农业	禁止生产、销售和使用	农农发〔2010〕2号
甲基硫环磷	农业	禁止生产、销售和使用	农业部公告第1586号
甲基对硫磷	农业	禁止生产、销售和使用	农农发〔2010〕2号
甲磺隆	农业	禁止在国内销售和使用（包括原药、单剂和复配制剂）；保留出口境外使用登记	农业部公告第2032号
甲胺磷	农业	禁止生产、销售和使用	农农发〔2010〕2号
汞制剂	农业	禁止生产、销售和使用	农农发〔2010〕2号
甘氟	农业	禁止生产、销售和使用	农农发〔2010〕2号
福美胂	农业	禁止在国内销售和使用	农业部公告第2032号
福美甲胂	农业	禁止在国内销售和使用	农业部公告第2032号
氟乙酰胺	农业	禁止生产、销售和使用	农农发〔2010〕2号
氟乙酸钠	农业	禁止生产、销售和使用	农农发〔2010〕2号
二溴乙烷	农业	禁止生产、销售和使用	农农发〔2010〕2号
二溴氯丙烷	农业	禁止生产、销售和使用	农农发〔2010〕2号

农药名称	禁/限用范围	备注	农业部公告
对硫磷	农业	禁止生产、销售和使用	农农发〔2010〕2号
毒鼠强	农业	禁止生产、销售和使用	农农发〔2010〕2号
毒鼠硅	农业	禁止生产、销售和使用	农农发〔2010〕2号
毒杀芬	农业	禁止生产、销售和使用	农农发〔2010〕2号
地虫硫磷	农业	禁止生产、销售和使用	农业部公告第1586号
敌枯双	农业	禁止生产、销售和使用	农农发〔2010〕2号
狄氏剂	农业	禁止生产、销售和使用	农农发〔2010〕2号
滴滴涕	农业	禁止生产、销售和使用	农农发〔2010〕2号
除草醚	农业	禁止生产、销售和使用	农农发〔2010〕2号
草甘膦混配水剂（草甘膦含量低于30%）	农业	2012年8月31日前生产的，在其产品质量保证期内可以销售和使用	农业部公告第1744号
苯线磷	农业	禁止生产、销售和使用	农业部公告第1586号
百草枯水剂	农业	禁止在国内销售和使用	农业部公告第1745号
胺苯磺隆	农业	禁止在国内销售和使用（包括原药、单剂和复配制剂）	农业部公告第2032号

农药名称	禁/限用范围	备注	农业部公告
艾氏剂	农业	禁止生产、销售和使用	农农发〔2010〕2号
丁酰肼（比久）	花生		农农发〔2010〕2号
灭多威	柑橘树、苹果树、茶树、十字花科蔬菜		农业部公告第1586号
水胺硫磷	柑橘树		农业部公告第1586号
杀扑磷	柑橘树		农业部公告第2289号
克百威	蔬菜、果树、茶叶中草药材		农农发〔2010〕2号
	甘蔗作物		农业部公告第2445号
甲基异柳磷	蔬菜、果树、茶叶、中草药材		农农发〔2010〕2号
	甘蔗作物		农业部公告第2445号
甲拌磷	蔬菜、果树、茶叶、中草药材		农农发〔2010〕2号
	甘蔗作物		农业部公告第2445号
氧乐果	甘蓝		农农发〔2010〕2号
	柑橘树		农业部公告第1586号
氟虫腈	除卫生用、玉米等部分旱田种子包衣剂外	禁止在除卫生用、玉米等部分旱田种子包衣剂外的其他方面使用	农业部公告第1157号

农药名称	禁／限用范围	备注	农业部公告
溴甲烷	农业	将含溴甲烷产品的农药登记使用范围变更为"检疫熏蒸处理"，禁止含溴甲烷产品在农业上使用。	农业部公告第2552号
氯化苦	除土壤熏蒸外的其他方面	登记使用范围和施用方法变更为土壤熏蒸，撤销除土壤熏蒸外的其他登记；应在专业技术人员指导下使用	农业部公告第2289号
三氯杀螨醇	农业		农业部公告第2445号
氰戊菊酯	茶树		农农发〔2010〕2号
氟虫胺	农业	1. 不再受理、批准含氟虫胺农药产品（包括该有效成分的原药、单剂、复配制剂，下同）的农药登记和登记延续。 2. 撤销含氟虫胺农药产品的农药登记和生产许可。 3. 自2020年1月1日起，禁止使用含氟虫胺成分的农药产品	农业农村部公告第148号

其他采取管理措施的农药名单（3 种）

农药名称	管理措施	农业部公告
2，4-滴丁酯	不再受理、批准 2，4-滴丁酯（包括原药、母药、单剂、复配制剂）的田间试验和登记申请；不再受理、批准其境内使用的续展登记申请。保留原药生产企业该产品的境外使用登记，原药生产企业可在续展登记时申请将现有登记变更为仅供出口境外使用登记	农业部公告第 2445 号
百草枯	不再受理、批准百草枯的田间试验、登记申请，不再受理、批准其境内使用的续展登记申请。保留母药生产企业该产品的出口境外使用登记，母药生产企业可在续展登记时申请将现有登记变更为仅供出口境外使用登记	农业部公告第 2445 号
八氯二丙醚	撤销已经批准的所有含有八氯二丙醚的农药产品登记；不得销售含有八氯二丙醚的农药产品	农业部公告 第 747 号

限制使用农药名录（2017 版）

限制规定	相关公告
列入本名录的 32 种农药，标签应当标注"限制使用"字样，并注明使用的特别限制和特殊要求；用于食用农产品的，标签还应当标注安全间隔期	农业部公告第 2567 号